电力电子技术实训教程

王九龙　高　亮　主编

哈尔滨工程大学出版社
Harbin Engineering University Press

内 容 简 介

全书共三章:第一章主要介绍电力电子实训课程中使用到的实验设备及仪器的使用方法;第二章主要介绍电力电子器件的相关知识及使用规则;第三章为电力电子技术的相关实验,共计30个。此外,本书在附图中给出了变流技术实验的所有接线图,以指导初学者连接线路。

本书适合电气工程及其相关专业学生学习使用。

图书在版编目(CIP)数据

电力电子技术实训教程/王九龙,高亮主编. —哈尔滨:
哈尔滨工程大学出版社,2019.1(2020.9 重印)
ISBN 978 - 7 - 5661 - 2180 - 6

Ⅰ.①电… Ⅱ.①王… ②高… Ⅲ.①电力电子技术
Ⅳ.①TM1

中国版本图书馆 CIP 数据核字(2018)第 293622 号

选题策划 田 婧
责任编辑 雷 霞
封面设计 李海波

出版发行 哈尔滨工程大学出版社
社　　址 哈尔滨市南岗区南通大街 145 号
邮政编码 150001
发行电话 0451 - 82519328
传　　真 0451 - 82519699
经　　销 新华书店
印　　刷 北京中石油彩色印刷有限责任公司
开　　本 787mm ×1 092mm　1/16
印　　张 7.5
字　　数 186 千字
版　　次 2019 年 1 月第 1 版
印　　次 2020 年 9 月第 2 次印刷
定　　价 26.00 元

http://www.hrbeupress.com
E-mail:heupress@ hrbeu.edu.cn

前　　言

　　电力电子技术是电气工程及其自动化专业重要的专业课,课程主要包括电力电子器件与变流技术两大重要模块。课程具有理论性强、实践性要求高的特点。想要很好地掌握电力电子技术,除了掌握电力电子器件的基本原理、电力电子电路的基本组成、工作特性及分析方法之外,还需要掌握电力电子器件的性能、电力电子电路的应用方法等知识,因此电力电子技术相关实训课是电力电子技术教学中的重要组成部分。通过实验操作可以使学生掌握相关电力电子器件的性能、参数,以及经典电力电子电路的分析方法、各功能电路之间的相互关系,从而验证电力电子电路的理论并掌握相关知识。

　　实验教学使学生在基本实践知识、基本实践理论和基本实践技能三方面受到系统的训练,使学生掌握电力电子相关设备的使用方法;能够正确搭建经典电力电子电路;根据实验结果验证电力电子技术相关结论;根据错误实验结果分析电力电子电路故障原因;能够独立完成电力电子电路的设计、组装和调试,并具备对实际电力电子电路的分析和处理能力,能有效地把理论与实践相结合。

　　本书中的电力电子技术实验主要包括三类:第一类是有关电力电子相关器件的实验,与理论课程中电力电子器件模块相契合;第二类是有关变流技术的实验,主要包括整流部分、逆变部分、直流斩波部分和交流电力变换部分的实验,与电力电子技术的支柱内容——变流技术相契合;第三类是有关电力电子技术应用的实验,此部分旨在锻炼学生对本门课程的实际应用能力。

　　本书是与精益达盛科技的 EL – DS – Ⅲ 实验系统相契合的电力电子技术实训教材。本书根据电力电子技术的教学内容,考虑到理论与实践相结合,从部分院校的实验室配置角度出发,结合在理论教学、实践教学、课程设计和大学生电子设计竞赛等教学实践的经验编写而成。

　　全书共三章:第一章主要介绍电力电子实训课程中使用到的实验设备及仪器的使用方法;第二章主要介绍电力电子器件的相关知识及使用规则;第三章为电力电子技术的相关实验,共计 30 个。此外,本书在附图中给出了变流技术实验的所有接线图,以指导初学者连接线路。

　　本书由绥化学院王九龙、高亮主编。其中,高亮负责编写第一章、第三章(约 109 千字)内容,王九龙负责编写第二章和附录接线图(约 77 千字)内容。编写过程中参考了北京精益达盛科技有限公司提供的 EL – DS – Ⅲ 型电气控制系统综合实验台实验指南。

　　本书由绥化学院张艳鹏副教授主审,张艳鹏副教授在审阅中提出了许多中肯的修改意见,在此谨致以衷心的感谢。

　　由于编者学识有限,书中难免存在一些缺点,希望采用本书的教师和同学给予批评指正。

编　者

2018 年 6 月

目　　录

第1章　实验仪器仪表介绍及使用方法

1.1　EL‐DS‐Ⅲ电气控制系统综合实验台

1.1.1　EL‐DS‐Ⅲ电气控制系统综合实验台总体介绍

EL‐DS‐Ⅲ电气控制系统综合实验台是针对工科高校本科电气信息类电气工程及其自动化专业和自动化专业的实验教学而设计的。面板颜色采用银灰色,面板上的插线孔根据功能和信号的性质不同采用不同颜色和大小加以区分。实验系统功能单元布局采用主电路在右,控制电路在左上,检测单元和系统操作单元在左下的原则,功能分布明了,连线方便。

1.1.2　EL‐DS‐Ⅲ电气控制系统综合实验台系统功能

系统具有"漏电""过压""欠压""过流""缺相""乱序""欠磁"等完备的保护功能,而且在出现错误的时候可以通过声音和指示灯给出双重提示,同时切断主电源。报警信号需要通过外部的复位按钮进行清除,更有利于错误的准确定位。保护功能可以通过系统工作模式开关进行设定,还可以根据实验的需要进行选择。

系统提供的漏电保护功能,可以避免出现异常造成触电情况;高压输入端没有外引,大大降低了触电的概率;高压输出则采用隔离变压器与电网隔离,可以有效防止触电。

此外,所有主电路挂箱都有可方便更换的熔断器或者自恢复保险,能够更可靠地保护设备安全。在成本允许的情况下将由误操作造成的设备损失降到最低。

1.1.3　EL‐DS‐Ⅲ电气控制系统综合实验台布局

1. 交流三相隔离分级主电源(DSM00单元)

面板上包括:

(a)三相隔离变压器:置于机柜内部,使主回路电路与电网隔离,防止触电。变压器有三挡输出,分别为线电压90 V、220 V、380 V,通过转换开关选择输出电压,满足不同实验需要,每组输出单独工作,总功率小于500 W。

(b)三相带漏电保护空气开关:漏电流超过30 mA自动切断电源。

(c)三相电源电压显示:数字显示主电源相电压值。

(d)主电源隔离测试点:隔离测试主电源电压波形和相位,可在同步信号相位整定时提供低压参考信号。

2. 计算机接口电路 I/O(DD01 单元)

面板上包含:AD(-10 ~ +10 V)、DA(-5 ~ +5 V)、DI(TTL 或 CMOS)、DO(TTL)、一个串口、一个并口、一个 USB 接口、两个虚拟仪器输入通道。

3. 转速变换电路(DD02 单元)

面板上有电路示意图,具体包含:编码器输入接口(采用 9 芯航空插座)、正交脉冲(A、B)和 index 信号 Z 脉冲输出孔、转速同极性模拟量输出(-10 ~ +10 V)、反极性模拟量输出(-10 ~ +10 V)、模拟转速幅度调节旋钮、转速显示表(-1 999 ~ +2 000 r/min)。

4. 电源控制和故障指示(DD03 单元)

提供系统设置、电源控制和保护功能,面板上包含:总电源钥匙开关及电源指示灯;控制电源保险管,方便更换;机柜工作模式选择及指示;控制电源指示灯(+5 V、+12 V、-12 V);综合保护电路的扩展输入输出端;复位按钮;错误指示(A 相、B 相、C 相、过压、欠压、缺相、乱序、弱磁、过流)、错误声音报警、止铃按钮;主电源开按钮、主电源关按钮、主电源指示灯;控制电源开按钮、控制电源关按钮、控制电源指示灯。

5. 三相电流检测及变换(DD04 单元)

本单元为系统交流主回路电流检测变换专用单元,检测元件为电流互感器。单元中包含:主电路电流波形测试点、电流变换正输出(0 ~ +10 V)、电流变换负输出(0 ~ -10 V)、电流变换输出幅度调节旋钮、0 电流信号、过流测试点、过流值整定旋钮。

6. 三相同步变压器(DD05 单元)

同步变压器单元,提供三相同步信号测试点及两路同步信号输出接口,同步信号有效值为 6 V。

7. 电流检测及变换电路(DD06 单元)

此单元提供两组通用电流检测单元,检测元件采用霍尔电流传感器,实验中可同时测量两路交流电流或者直流电流。测量范围为 0 ~ 10 A。每组单元中包含:电流输入环节,电流显示、交直流显示切换开关,变换输出幅度调节旋钮,变换正输出(0 ~ +10 V),变换负输出(0 ~ -10 V),变换跟随输出(-10 ~ +10 V)。

8. 智能负载控制器(DD07 单元)

此单元用于控制磁粉制动器,实现负载模拟功能,可提供转矩 0 ~ 2 N·m,最大功率 100 W。单元中包含:负载模式选择及指示,负载给定旋钮,负载给定及速度输入复用插孔,负载输出曲线测试点,负载输出显示表、负载输出显示单位指示(N·m 或 W),磁粉制动器接口。

9. 交直流电压有效值检测及变换电路(DD08 单元)

本单元用于检测对称三相交流电压,检测元件为三相电压互感器。输入范围为三相交流 0 ~ 500 V。单元中包含:电压输入端、变换正输出(0 ~ +10 V)、变换负输出(0 ~ -10 V)、变换输出幅度调节旋钮。

10. 直流电压检测及变换(DD09 单元)

通用电压检测单元,可检测交直流电压,检测元件为显性光耦,测量范围为 0 ~ +700 V。单元中包含:电压输入端、电压显示表、交直流显示切换开关、变换输出幅度调节旋钮、变换正输出(0 ~ +10 V)、变换负输出(0 ~ -10 V)、变换跟随输出(-10 ~ +10 V)。

11. 可调恒压源(DD10 单元)

两组独立可调开关稳压电源,输出范围为直流 80～110 V,通过面板上的旋钮电位器调节,最大输出时电流不超过 0.28 A,专门为直流电动机和直流发电机提供励磁电源配置,两组电源共用一个输出指示表,通过面板上的开关切换显示哪组输出。电源具有过载及短路保护功能。

12. 平波电抗器(DD11 单元)

提供一个 200 mH/2 A 的工频电抗器,为调速实验中平滑主回路电流。

13. 辅助刀开关(DD12 单元)

配置两组双刀双掷开关,电流容量 10 A,为电机拖动实验时切换线路设置。

14. 直流发电机单元(DD13 单元)

通过面板上一个 5 芯的航空插座与发电机相连,在面板上将接点转换成标准插孔,并配有电机图形符号和接点标识,实验接线方便、直观。

15. 直流电动机单元(DD14 单元)

通过面板上一个 5 芯的航空插座与发电机相连,在面板上将接点转换成标准插孔,并配有电机图形符号和接点标识,实验接线方便、直观。

16. 鼠笼式三相异步电动机(DD15 单元)

通过面板上一个 7 芯的航空插座与发电机相连,在面板上将接点转换成标准插孔,并配有电机图形符号和接点标识,实验接线方便、直观。

17. 绕线式转子异步电动机接口(DD16 单元)

通过面板上一个 9 芯的航空插座与发电机相连,在面板上将接点转换成标准插孔,并配有电机图形符号和接点标志,实验接线方便、直观。

1.2 电力电子技术实验挂箱

电力电子技术实验挂箱采用固定单元和活动挂件组合的形式,功能单元的划分和布局较为合理。挂箱单元的划分使得实验单元的通用性较高,同时,有效降低了功能单元的冗余。

1.2.1 触发电路挂箱 I(DST01 单元)

1. 单结晶体管触发电路(DT01 单元)

面板上有详细原理图,脉冲移相范围 120°,面板上包含:同步信号输入端、移相控制旋钮、5 个典型信号测试点、脉冲变压器驱动输出端。

2. 单相锯齿波移相触发电路(DT02 单元)

以一片集成单相锯齿波移相触发电路(KJ004)为核心构成,脉冲移相范围大于 150°。面板上有详细原理图。单元面板中含有:同步信号输入端、同步信号输入交流 15 V、锯齿波斜率调节旋钮、偏执信号调节旋钮、移相控制旋钮、输出脉冲封锁端、正反两组脉冲变压器驱动输出端、各引脚测试端。

3. 多功能 PWM、SPWM 波形发生器(DT03 单元)

由运放搭建的波形发生器,可适合电力电子实验的多种应用,电路可产生 PWM 信号、SPWM 信号、功率脉冲信号、软开关控制信号。面板上有详细原理示意图,包含:载波频率调节旋钮、正弦波幅频调节旋钮、直流电压给定旋钮及给定范围切换开关、信号叠加切换开关、死区调节旋钮、正反 PWM 输出端、同步信号输入端、调功控制脉冲输出端、软开关控制脉冲输出端、脉冲封锁输入端、两组脉冲驱动电路。

1.2.2　电源及负载挂箱 I(DSP01 单元)

此挂箱与电力电子配合使用,为电力电子器件提供同步信号、单相交直流电源及电阻、电容、电感负载。

1. 低压交直流电源(DP01 单元)

面板上包含:30 V 交流电源带中间抽头(可作 15 V 用),可输出 1 A 电流;30 V、15 V 同步交流信号输出;单相整流桥,由交流电源输入整流后提供最高 48 V 直流电源(带电源整流滤波)。

2. 三相对称负载(电感、电容、灯泡(电阻))(DP02、DP03 单元)

面板上包含:3 个对称电感负载 200 mH 电感量、3 个对称电容负载(0.1 μF 电容值)、6 个共 3 组对称灯泡(电阻)负载(每组 2 个灯泡,并有一个钮子开关可实现两灯泡并连使用)。

1.2.3　电力电子变换技术挂箱 II(DSE03 单元)

1. 隔离 DC - DC 变换电路(DE07 单元)

面板上包含:正激变换接法和反激变换接法,两组脉冲变压器电路(可驱动晶闸管全桥电路)(DE08 单元),为全控整流电路晶闸管提供隔离脉冲信号,1 组中 1 路输入、2 路同相位输出。

2. 晶闸管半控、全控桥电路(DE09 单元)

面板上包含:两组晶闸管桥电路,每一组中两个晶闸管首尾相接;两组二极管桥电路,每一组中两个二极管首尾相接。

3. 四组光电隔离驱动电路(四组电源独立)(DE10 单元)

面板上包含:为 MOSFET 管提供隔离 PWM、SPWM 驱动信号;光电隔离采用 TLP559 芯片,驱动电压为 15 V。

4. MOSFE 单相全桥电路(DE11 单元)

面板包含:采用 IRF830 器件搭建的单相全桥电路。

5. 斩波控制式单相交流调压电路(DE12 单元)

面板包含:采用 IRF830 器件搭建的斩控式单相交流调压电路。

1.2.4　触发电路挂箱 II(DST02 单元)

1. 电压给定与给定积分器(DG01 单元)

提供模拟电压给定,给定范围 -10 ～ +10 V。

单元中包含:正给定旋钮、负给定旋钮、正负给定切换开关;阶跃输出开关、阶跃给定输出;给定电源显示表;积分给定输出、积分时间调节旋钮;给定极性信号输出端。

2. 两组三相锯齿波移相触发电路(DT04 单元)

提供双路晶闸管的移相电路,面板上有清晰示意图,包含两个独立三相锯齿波移相触发器,都可单独使用,触发电路以 TCA787 为核心搭建。

每个触发器单元包括:控制电压输入端、移相范围限定旋钮、输入偏置调节旋钮;信号封锁输入端;同步信号输入接口、三相同步信号测试端、同步信号调节旋钮;三相锯齿波测试端;三相触发脉冲输出测试端、三相触发输出接口。

3. 三相标准型及改进型 SPWM 波形发生器(DT05 单元)

三相 SPWM 波形发生器,针对三相逆变电路实验设计,有两种调制波形输出,面板上有详细单元示意图。

单元中包括:模式控制端,接地或者悬空,改变调制信号波形;信号封锁输入端,低电平有效,悬空不封锁;相序切换控制端,控制输出相序;输出频率显示表;载波频率设定旋钮,载波测试端;电压控制端,电压增益设定旋钮,控制电压测试端;频率控制端,控制频率设定旋钮,控制频率测试端;三相调制信号测试端;六路控制脉冲输出测试端,脉冲输出接口。

4. 单相单双极性 PWM 波形发生器(DT06 单元)

直流 PWM 控制器,面板上有详细原理示意图。

单元中包括:单双极性模式控制开关,工作模式指示灯;脉冲极性控制输入端;输出信号封锁输入端;输出占空比控制端;阈值电压测试端,载波测试端;四路输出测试端,输出接口。

1.2.5　电力电子变换技术挂箱Ⅳ(DSE05)

1. 三相晶闸管全控桥电路(DM01)

两组晶闸管三相全控桥电路:包含两组晶闸管三相桥,用于三相可控整流、有源逆变、交流调压、直流可逆调速等实验。面板上有详细原理图。

具体包含:1 组晶闸管,两两串联,三点引出;每个晶闸管都串接保险管,可从外面方便更换;每个保险管附近均带有相应断路指示灯;面板左边有触发信号输入接口。晶闸管容量为 5 A/800 V。

2. IPM 智能三相功率模块(DSM02)

(1)三相不可控整流电路:包含不可控整流桥、滤波电容、电流检测接点、熔断器、熔断指示灯。电路容量为 4 A/600 V。面板上有详细原理图。

(2)IPM 模块及光电隔离等外围电路:电路中主要包含 IPM 模块及信号隔离电路,面板上有驱动信号接点口、电机引线连接点、模块错误指示灯。IPM 模块采用三菱公司产品,容量为 10 A/1 200 V。面板上有详细原理示意图。

1.2.6　电力电子变换技术挂箱Ⅰ(DSE02 单元)

1. 直流斩波电路(DE05 单元)

面板上包含基本 DC - DC 变换电路(Buk、Boost、Buk - Boost、Cuk、Sepic、Zeta)。

2. 软开关变换电路(ZVT PWM、ZCT PWM)(DE06 单元)

面板上包含 ZVT PWM 软开关变换电路、ZCT PWM 软开关变换电路。

1.2.7　电力电子变换技术挂箱Ⅲ(DSE04 单元)

1. 半桥式开关电源电路(DE13 单元)

采用单片芯片 SG3525 实现的半桥开关电源电路。

2. 有源功率因数校正电路

采用单片芯片 UC3854 实现的有源功率因数校正电路。

1.2.8　功率电阻及逆变变压器配件箱(DSM08 单元)

(1) 1 个三相逆变变压器,输入 380 V,输出 380 V,功率 100 W。

(2) 3 个 750 Ω/50 W 功率电阻。

1.3　万　用　表

万用表(或称作多用电表、万用电表)是一种常用的多用途仪表,不仅从事电子技术的专业人员需要它,广大的业余无线电爱好者也需要用它来调试电路和维修仪器。

1.3.1　万用表的分类

万用表分成指针式和数字式两种类型。

1. 指针式万用表

指针式万用表是由磁电式微安表头上加一些元器件构成的。当表头并联、串联或加上整流器,外接电池和加上附加电阻时,就构成了多量程的测量电压、电流、电阻的测试仪表。在此基础上还可以扩大测量范围,如测量晶体管类型、参数,测电感、电容值,测量放大器的特性等,万用表因此而得名。

2. 数字式万用表

数字式万用表是在模拟指针刻度测量的基础上,用数字形式直接把检测结果显示出来,它由直流数字电压表或加上一些转换器构成。数字式万用表采用了大规模集成电路,与指针式万用表相比有以下优点:

(1) 读数容易、准确;

(2) 测量精度高;

(3) 内阻高,测量误差很小;

(4) 性能稳定,工作可靠,耐用;

(5) 在强磁场下也能正常工作。

尽管数字式万用表具有如此多的优点,但是由于指针式万用表具有结构简单,读数直观、方便,可靠性高,价格低等特点,仍然被人们广泛使用。

1.3.2　万用表的基本使用方法

1. 指针式万用表的基本使用方法

测试前,首先把万用表放置在水平状态,并视其表针是否处于零点(指电流、电压刻度的零点),若不在,则应调整表头下方的"机械零位调整",使指针指向零点。根据被测项,正确选择万用表上的测量项目及量程开关。

如已知被测量的数量级,则选择与其相对应的数量级量程;如不知被测量值的数量级,则应从选择最大量程开始测量,当指针偏转角度太小而无法精确读数时,再把量程减小,一般以指针偏转角不小于最大刻度的30%为合理量程。

(1)万用表测量电流

①把万用表串接在被测电路中时,应注意电流方向,正确的接法如图1-1所示,即把红表笔接电流入的一端,黑表笔接电流出的一端。如果不知被测电流的方向,可以在电路的一端先接好一支表笔,另一支表笔在电路的另一端轻轻地碰一下:如果指针向右摆动,说明接线正确;如果指针向左摆动(低于零点),说明接线不正确,应把万用表的两支表笔位置调换。

②在指针偏转角度大于或等于最大刻度30%时,尽量选用大量程挡,因为量程越大,分流电阻越小,电流表的等效内阻越小,这时被测电路引入的误差也越小。

③在测大电流(如500 mA时)时,千万不要在测量过程中拨动量程选择开关,以免产生电弧,烧坏转换开关的触点。

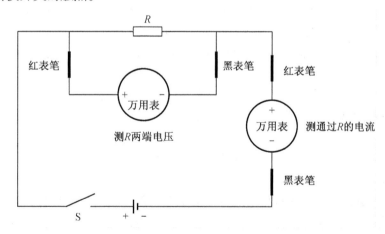

图1-1　万用表测量电压电流示意图

(2)万用表测量电压

①把万用表并接在被测电路上,在测量直流电压时,应注意被测电压的极性,正确接法如图1-1所示,即把红表笔接电压高的一端,黑表笔接电压低的一端。如果不知被测电压的极性,可按前述测量电流时的试探方法试一试:如指针向右偏转,则可以进行测量;如指针向左偏转,则把红、黑表笔对换位置,方可测量。

②与上述电流表一样,为了减小电压表内阻引入的误差,在指针角度大于或等于最大刻度的30%时,尽量选择大量程挡测量,因为量程越大,分压电阻越大,电压表的等效内阻越大,这时被测电路引入的误差越小。如果被测电路的内阻很大,就要求电压表的内阻更

大,才会使测量精度高。此时需换用电压灵敏度更高(内阻更大)的万用表来测量。

③在测量交流电压时,不必考虑极性问题,只要将万用表并接在被测电路两端即可,另外,也不必选择大量程挡或高电压灵敏度的万用表,因为一般情况下交流电源的内阻都比较小。

值得注意的是:被测交流电压只能是正弦波,其频率应小于或等于万用表的允许工作频率,否则会产生较大误差。

④不要在测量较高的电压(220 V)时拨动量程开关,以免产生电弧,烧坏转换开关的触点。

⑤在测量大于或等于100 V以上的交流高电压时,必须注意安全,最好把一支表笔固定在被测电路的公共地端,然后用另一支表笔去碰触另一端测试点。

⑥在测量有感抗的电路的电压时,必须在测量后先把万用表断开再关电源,否则会在切断电源时,因为电路中感抗元件的自感现象而产生的高压可能把万用表烧坏。

(3)万用表测量电阻

①测量时应先调零,即把两表笔直接相碰(短路),调整表盘下面的零欧姆调整器,使指针正确指在 0 Ω 处,这是因为内接干电池随着时间加长,其提供的电源电压会下降,内部分流电阻调整作为补偿,因此测量时必须调零。

②为了提高测量的精度和保证被测对象的安全,必须正确选择合适的量程挡,一般测电阻时,要求指针在全刻度的20%～80%的范围内,这样测试精度才能满足要求。

③由于量程挡不同,测量电流大小也不同,量程挡越小,测量电流越大;否则相反。所以,如果用万用表的小量程欧姆挡 $R \times 1$ 挡,$R \times 10$ 挡去测量小的未知电阻时,未知电阻上会流过大的电流,如果该电流超过了未知电阻所允许通过的电流,未知电阻会被烧毁,或者把指针打弯。所以,在测量不允许通过大电流的电阻时,万用表应置在大量程的欧姆挡上。同时,量程挡越大,内阻所接的电池电压越高,所以在测量不能承受高电压的电阻时,万用表不宜在大量程的欧姆挡上,如测量二极管和三极管的极间电阻时,就不能把欧姆挡置在 $R \times 10k$ 挡,不然易把管子的极间击穿,只有降低量程挡,让指针指在高阻端。

④作为欧姆表使用时,内接干电池,对外电路而言,红表笔接干电池的负极,黑表笔接干电池的正极。

⑤测较大电阻时,手不可同时接触被测电阻的两端,不然人体电阻就会与被测电阻并联,使测量结果不正确,测试值会大大减小;另外,要测电路上的电阻时,应将电路的电源切断,不然,不但测量结果不准确(相当于再外接一个电压),还会使大电流通过万用表头,把表头烧坏。同时,还应该把被测电阻的一端从电路上断开再进行测量,不然测得的是电路在该两点间的总电阻。

⑥使用完毕,不要将量程开关放在欧姆挡上。为了保护万用表头,测量完成后,应注意把量程开关拨在直流电压和交流电压的最大量程位置,不要放在欧姆挡上,以防两支表笔短路时,将内部干电池全部耗尽。

2.数字万用表的基本使用方法

数字万用表是在模拟万用表的基础上发展起来的数字式测量仪器。

(1)直流电压的测量

①将黑表笔插入 COM 插孔,红表笔插入 V/Ω 插孔。

②将功能开关置于直流电压挡 V - 量程范围,并将测试表笔连接到待测电源(测开路电压)或负载上(测负载电压降),红表笔所接端的极性将同时显示于显示器上。

③查看读数,并确认单位

为了正确读出直流电压的极性(±),将红色表笔接电路正极,黑色表笔接负极或电路地。如果用相反的接法,有自动调换极性功能的数字多用表会显示负号来指示负的极性。如果不知被测电压范围,将功能开关置于最大量程并逐渐下降。如果显示器只显示"1",表示过量程,功能开关应置于更高量程。当测量高电压时,要格外注意避免触电。

(2)交流电压的测量

①将黑表笔插入 COM 插孔,红表笔插入 V/Ω 插孔。

②将功能开关置于交流电压挡 V~量程范围,并将测试笔连接到待测电源或负载上,测试连接图 1 - 1。测量交流电压时,没有极性显示。

(3)电阻的测量

①关掉电路电源。

②选择电阻挡。

③将黑表笔插入 COM 插孔,红表笔插入电阻测试插孔。

④将表笔探头跨接到被测元件或电路的两端。

⑤查看读数,并注意单位是欧姆(Ω)、千欧(kΩ),还是兆欧(MΩ)。

注:$1\ 000\ \Omega = 1\ k\Omega$;$1\ 000\ 000\ \Omega = 1\ M\Omega$。

一定要注意:在测试电阻时关掉电源。

(4)电流的测量

将数字多用表直接串到被测电路上,让被测电路电流直接流过多用表内部电路。

①关掉电路电源。

②断开或拆焊电路,以便将表串入电路。

③选择相应的交流(A~)、直流(A-)挡位。

④将黑表笔插入 COM 插口,当测量最大值为 200 mA 的电流时,红表笔插入 mA 插孔,当测量最大值为 20 A 的电流时,红表笔插入 20 A 插孔。主要是依据可能的测量值。

⑤将表笔串联接入断开的电路部分。

⑥将电路电源打开。

⑦观察读数,并注意单位。

注:测量直流时,如果测试探头接反,会有" - "出现。电流测量完毕后应将红表笔插回"VΩ"孔。

1.4　示　波　器

1.4.1　示波器的基本功能

示波器是电子测量中必备的仪表,它将电信号转换为可以观察的视觉图形,以便人们观测。若利用传感器将各种物理参数转换为电信号,可以利用示波器观测各种物理参数的数量变化。

电子技术行业的每个从业者都必须熟练掌握示波器的使用。所谓的熟练掌握有三个标准：

（1）每调节一个开关或旋钮都有明确的目的；

（2）调节顺序正确，没有误动作；

（3）快速。

1.4.2　模拟示波器（GOS – 620）

模拟示波器以连续的方式将被测信号显示出来。见图 1 – 2。

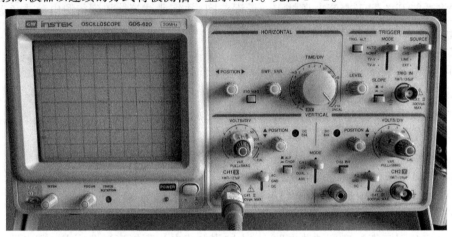

图 1 – 2　GOS – 620 模拟示波器前面板实物图

1. 前面板说明（图 1 – 3）

以下 CRT 显示屏序号对应图 1 – 3：

1—CAL 接头，$2V_{pp}$，1 kHz 的方波。

2—INTEN：轨迹及光点亮度控制钮。

3—FOCUS：轨迹聚焦调整钮。

4—TRACE ROTATION：使水平轨迹与刻度线平行的调整钮。

6—POWER：电源主开关，按下此按钮可接通电源，电源指示灯会发亮；再按一次，开关凸起时，则切断电源。

2. VERTICAL 垂直偏向

7,22—VOLTS/DIV：垂直衰减选择钮，以此钮选择 CH1 及 CH2 的输入信号衰减幅度，范围为 5 mV/DIV ~ 5 V/DIV，共 10 挡。

10,18—AC – GND – DC：输入信号耦合选择按键钮。AC：垂直输入信号电容耦合，截止直流或极低频信号输入。

GND：按下此键则隔离信号输入，并将垂直衰减器输入端接地，使之产生一个零电压参考信号。

DC：垂直输入信号直流耦合，AC 与 DC 信号一起输入放大器。

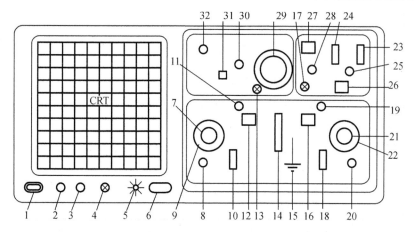

图 1-3　GOS-620 模拟示波器前面板示意图

8—(X)输入:CH1 的垂直输入端,在 X-Y 模式下,为 X 轴的信号输入端。

9,21—VARIABLE:灵敏度微调控制,至少可调到显示值的 1/2.5。在 CAL 位置时,灵敏度即为挡位显示值。当此旋钮拉出时(×5 MAG 状态),垂直放大器灵敏度增加 5 倍。

20—CH2(Y)输入:CH2 的垂直输入端,在 X-Y 模式下,为 Y 轴的信号输入端。

11,19—POSITION:轨迹及光点的垂直位置调整钮。

14—VERT MODE:CH1 及 CH2 选择垂直操作模式。

CH1 或 CH2:通道 1 或通道 2 单独显示。

DUAL:设定本示波器以 CH1 及 CH2 双频道方式工作,此时并可切换 ALT/CHOP 模式来显示两轨迹。

ADD:用以显示 CH1 及 CH2 的相加信号;当 CH2 INV 键为压下状态时,即可显示 CH1 及 CH2 的相减信号。

13,17—CH1& CH2 DC BAL:调整垂直直流平衡点。

12—ALT/CHOP:当在双轨迹模式下,放开此键,则 CH1&CH2 以交替方式显示(一般使用于较快速的水平扫描文件位);当在双轨迹模式下,按下此键,则 CH1&CH2 以切割方式显示(一般使用于较慢速的水平扫描文件位)。

16—CH2 INV:此键按下时,CH2 的信号将会被反向。CH2 输入信号于 ADD 模式时,CH2 触发截选信号(Trigger Signal Pickoff)亦会被反向。

3. TRIGGER 触发

24—EXT TRIG. IN:外触发输入端子。

26—SLOPE:触发斜率选择键。

"+":凸起时为正斜率触发,当信号正向通过触发准位时进行触发。

"-":压下时为负斜率触发,当信号负向通过触发准位时进行触发。

27—TRIG. ALT:触发源交替设定键,当 VERT MODE 选择器(14)在 DUAL 或 ADD 位置,且 SOURCE 选择器(23)置于 CH1 或 CH2 位置时,按下此键,本仪器即会自动设定 CH1 与 CH2 的输入信号以交替方式轮流作为内部触发信号源。

23—SOURCE:用于选择 CH1、CH2 或外部触发。

CH1:当 VERT MODE 选择器(14)在 DUAL 或 ADD 位置时,以 CH1 输入端的信号作为内部触发源。

CH2：当 VERT MODE 选择器(14)在 DUAL 或 ADD 位置时,以 CH2 输入端的信号作为内部触发源。

LINE：将 AC 电源线频率作为触发信号。

EXT：将 TRIG. IN 端子输入的信号作为外部触发信号源。

25—TRIGGER MODE：触发模式选择开关。

常态(NORM)：当无触发信号时,扫描将处于预备状态,屏幕上不会显示任何轨迹。本功能主要用于观察 $f = 25$ Hz 的信号。

自动(AUTO)：当没有触发信号或触发信号的频率小于 25Hz 时,扫描会自动产生。

电视场(TV)：用于显示电视场信号。

28—LEVEL：触发准位调整钮,旋转此钮以同步波形,并设定该波形的起始点。将旋钮向" + "方向旋转,触发准位会向上移;将旋钮向" − "方向旋转,则触发准位会向下移。

4. 水平偏向

29—TIME/DIV：扫描时间的选择钮。

30—SWP. VAR：扫描时间的可变控制旋钮。

31— ×10 MAG：水平放大键,扫描速度可被扩展 10 倍。

32—POSITION：轨迹及光点的水平位置调整钮。

5. 模拟式示波器的使用

以 CH1 为范例,介绍单一频道的基本操作法。CH2 单频道的操作程序是相同的,仅需注意要改为设定 CH2 栏的旋钮及按键组。插上电源插头之前,请务必确认后面板上的电源电压选择器已调至适当的电压文件位。确认之后,请依照以下步骤,顺序设定各旋钮及按键。

电源开关(6)POWER：OFF 状态。　　　SLOPE (26)：凸起（ +斜率）。

亮度旋钮(2)INTEN：中央位置。　　　TRIG. ALT (27)：凸起。

聚焦旋钮(3)FOCUS：中央位置。　　　TRIGGER MODE (25)：AUTO。

垂直操作模式(14)VERT MODE：CH1。　TIME/DIV (29)：0.5 ms/DIV。

ALT/CHOP (12)：凸起。　　　　　　(ALT)SWP. VAR (30)：顺时针到底 CAL 位置。

CH2 INV (16)：凸起。　　　　　　　3POSITION4 (32)：中央位置。

POSITIONv (11,19)：中央位置。　　　10 MAG (31)：凸起。

VOLTS/DIV (7,22)：0.5 V/DIV。

VARIABLE (9,21)：顺时针转到底 CAL 位置。

AC – GND – DC (10,18)：GND。

SOURCE (23)：CH1。

设定完成后,请插上电源插头,继续下列步骤:

(1)按下电源开关,并确认电源指示灯亮起。约 20 s 后 CRT 显示屏上应会出现一条轨迹,若在 60 s 之后仍未有轨迹出现,请检查上列各项设定是否正确。

(2)调整出适当的轨迹亮度及聚焦。

(3)调 CH1 POSITION 钮(11) 及 TRACE ROTATION (4),使轨迹与中央水平刻度线平行。

（4）将探棒连接至 CH1 输入端，并将探棒接上 $2V_{pp}$ 校准信号端子。将 AC – GND – DC 置于 AC 位置，可调整 VOLTS/DIV（7）及 TIME/DIV（29），CRT 上会显示校准信号波形。

（5）撤掉校准信号端子，VOLTS/DIV（7）、TIME/DIV（29）、LEVEL（28）配合使用，即可测量任意信号波形。

1.5　电力电子技术实验注意事项

"综合实验台"及其挂箱初次使用或较长时间未用时，实验前应首先对"实验台"及其相关挂箱进行全面检查和单元环节调试，确保主电源、保护电路和相关触发电路单元工作正常。

每次实验前，务必设置"状态"开关，并检查其他开关和旋钮的位置。实验接线，必须经教师审核无误后方可开始实验。

负载和电源的选用要严格参考有关挂件的使用说明，电力电子实验除需要电动机作负载的综合实验项目外，一律采用"DP01"单元提供的低压电源和"DSM08"单元提供的小功率负载。

除非特定的实验操作要求（必要的实验方法），任何需要改接线时，必须先切除系统工作电源：首先使系统的给定为零，然后依次断开主电路总电源、控制电路电源。

双踪示波器的两个探头，其地线已通过示波器机壳短接。使用时务必使两个探头的地线等电位（或只用一根地线即可），以免测试时系统经示波器机壳短路。

每个挂箱都有独立电源，使用时要打开上面的电源开关才能工作，同时在不同挂件上的单元电路配合使用时需要共信号地。

第 2 章　基本元器件介绍及使用规则

2.1　电力二极管

电力二极管(Power Diode)自 20 世纪 50 年代初期就获得应用,当时也称为半导体整流器,并已开始逐步取代汞弧整流器。其结构和原理简单,工作可靠,直到现在仍然大量应用于许多电气设备当中。

在采用全控型器件的电路中,电力二极管是不可缺少的,特别是开通和关断速度很快的快恢复二极管和肖特基二极管,具有不可替代的地位。常见整流二极管及模块见图 2 - 1。

图 2 - 1　常见整流二极管及模块

2.1.1　电力二极管的外形、结构和电气图形符号

从外形上看,电力二极管有螺栓型、平板型等多种封装。电力二极管的外形、结构和电气图形符号见图 2 - 2。

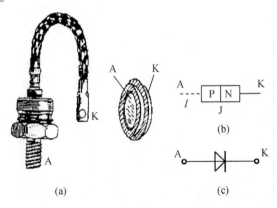

(a)　　　　　　　　　　　　(c)

图 2 - 2　电力二极管的外形、结构和电气图形符号

(a)外形;(b)基本结构;(c)电气图形符号

2.1.2　PN 结与电力二极管的工作原理

1. PN 结

电力二极管的基本结构和工作原理与信息电子电路中的二极管是一样的,都是以半导体 PN 结为基础的。不同之处在于,电力二极管由一个面积较大的 PN 结、两端引线及封装组成的。

掺杂了五价元素(如磷)的 N 型半导体的电子是多子,空穴是少子;掺杂了三价元素(如硼)的 P 型半导体的空穴是多子,电子是少子。N 型半导体和 P 型半导体结合后便形成了 PN 结。由于 N 区和 P 区交界处的电子和空穴浓度存在差异,造成了 P 区的多子空穴向 N 区扩散,同时 N 区的多子电子向 P 区扩散的现象。之后,电子与空穴复合,形成稳定的共价键,在交界面两次留下了带正、负电荷但不能任意移动的杂质离子。这些不能任意移动的杂质离子成为空间电荷。空间电荷的电场成为内电场,此电场的方向由 N 区指向 P 区。内电场的方向抑制多子的扩散,强化少子的漂移。扩散运动和漂移运动相互联系也相互矛盾,当扩散运动与漂移运动达到动态的平衡,便形成了一个稳定的由空间电荷构成的范围,称为空间电荷区,也叫作耗尽层、阻挡层或势垒区。

2. PN 结的单向导电性

正向偏置:外加电压的正端接 P 区,负端接 N 区时,外加电场与 PN 结内电场方向相反,但强于内电场。这使得多子的扩散运动多于少子的漂移运动,形成了扩散电流。在内部造成空间电荷区变窄,而在外电路上则形成自 P 区流入,从 N 区流出的电流,称为正向电流 I_F。当外加电压升高时,内电场将进一步被削弱,扩散电流进一步增加。这就是 PN 结的正向偏置。

反向偏置:外加电压的正端接 N 区,负端接 P 区时,外加电场与 PN 结内电场方向相同,强化了内电场。这使得多子的扩散运动少于少子的漂移运动,形成了漂移电流。在内部造成空间电荷区变宽,而在外电路上则形成自 N 区流入,从 P 区流出的电流,称为反向电流 I_R。但是由于少子浓度很低,漂移运动很微弱,在宏观上反向偏置时 PN 结表现为高阻态,几乎没有电流流过。这就是 PN 结的反向偏置。

3. 电力二极管能够承受大电流与高电压

承受大电流:由电力二极管内部结构断面示意图 2-3 可以看出,电力二极管是一种垂直导电结构,即电流在硅片内部的流动方向与 PN 结垂直。而信息电子电路中的二极管是横向导电结构,即电流在硅片中流动方向与 PN 结平行。垂直导电结构使得硅片中流过的电流有效面积增大。增加了电力二极管的流通能力,所以其可以承受大电流。

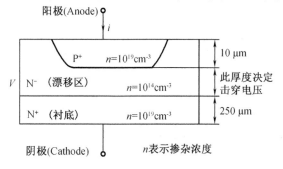

图 2-3　电力二极管内部结构断面示意图

承受高电压:电力二极管在 P 区与 N 区之间加了一层低掺杂的 N 区(掺杂浓度相差 5 个数量级),此区也称为漂移区。由于漂移区的掺杂浓度很低,接近于无掺杂的本征半导体材料,因此电力二极管的结构也被称为 P-i-N 结构。由于接近于无掺杂的漂移区需要保持电中性,所以漂移区可以承受较高电压而不被击穿。漂移区越厚,电力二极管能够承受的反向电压就越高。

4. 电力二极管的电导调制效应

由于 N^- 的掺杂浓度很低,相当于本征半导体,这对电力二极管的导通十分不利。但是在实际应用中,当 PN 结上流过的正向电流较小时,电力二极管的压降主要在作为基片的低掺杂的 N^- 上,压降较大且为常量。但当 PN 结上流过较大的正向电流时,由 P 去注入并积累在 N^- 区的少子空穴的浓度降增大,N^- 为了维持自身电中性,就必须吸取大量电子来"中和"。于是 N^- 便从 N 区抽取电子,这便形成了强烈的电子流,与正向电流方向相反,使得其电阻率明显下降,电导率大大增加。

电导调制效应使得电力二极管在正向电流较大时管压降仍然很低,维持在 1 V 左右。所以即使 N^- 区相当于本征半导体的存在,电力二极管正向导通时依然保持低阻态。

5. 电力二极管的击穿

PN 结具有承受一定反向电压的能力,但当施加的反向电压过大,反向电流将会急剧增大,破坏 PN 结反向偏置为截止的工作状态,这就是反向击穿。反向击穿根据机理不同有雪崩击穿和齐纳击穿两种。

雪崩击穿:通常发生在电压等级较高(6 V 以上)的场合下。由 $qU = \dfrac{mV^2}{2}$ 可知,电压越高,游离状态的电子(或空穴)的速度就越高。高速中的电子(或空穴)撞击已经复合的共价键,使得共价键断裂,产生一个游离的电子和一个游离的空穴。新产生的粒子也具有较高速度,将会继续撞击其他已经复合的共价键,这便形成了如同雪崩一样的状态,因此称作雪崩击穿。

齐纳击穿:通常发生在高掺杂浓度、高场强的场合下(不要求电压等级高)。由于掺杂浓度很高且场强很大,共价键在高场强的作用下直接被拽开,形成游离状态的电子(或空穴)。从而,即使外部施加了反向电压,依然有足够多的粒子参与导电,这被称为齐纳击穿。

热击穿:反向击穿发生时,如果采取措施将反向电流限制在一定范围内,PN 结仍可恢复原来的状态。但如果反向电流不加以限制,使得反向电流和反向电压的乘积超过了 PN 结的耗散功率,就会造成 PN 结因过热而烧毁,这就是热击穿。

6. 结电容效应

PN 结中的电荷量随外加电压而变化,呈现电容效应,称为结电容 C_J,又称为微分电容,按其产生机制和作用的差别分为势垒电容 C_B 和扩散电容 C_D。

势垒电容只在外加电压变化时才起作用,外加电压频率越高,势垒电容作用越明显。在正向偏置时,当正向电压较低时,势垒电容为主。扩散电容仅在正向偏置时起作用。正向电压较高时,扩散电容为结电容的主要成分。

结电容影响 PN 结的工作频率,特别是在高速开关的状态下,可能使其单向导电性变差,甚至不能工作。

2.1.3　电力二极管的主要参数

1. 正向平均电流 $I_{F(AV)}$

指电力二极管长期运行时,在指定的管壳温度(简称壳温,用 T_C 表示)和散热条件下,其允许流过的最大工频正弦半波电流的平均值。$I_{F(AV)}$ 是按照电流的发热效应来定义的,使用时应按有效值相等的原则来选取电流定额,如果电力二极管的正向平均电流为 $I_{F(AV)}$,即它允许流过的最大工频正弦半波电流的平均值为 $I_{F(AV)}$,由正弦半波波形的平均值与有效值的关系为 1:1.57 可知,该电力二极管允许流过的最大电流有效值为 $1.57I_{F(AV)}$ 。反之,如果知道电力二极管在电路中流过某种波形电流的有效值为 I_D ,则至少应选取额定电流 $I_{F(AV)}$ 为 $I_D/1.57$ 的电力二极管,为了保证安全,应留有一定的裕量,通常选取 2~3 倍裕量。

2. 正向压降 U_F

指电力二极管在指定温度下,流过某一指定的稳态正向电流时对应的正向压降。此参数可以通过电力二极管伏安特性曲线获得。

3. 反向重复峰值电压 U_{RRM}

指对电力二极管所能重复施加的反向最高峰值电压。若 U_B 指雪崩击穿时的电压,则 $U_{RRM}=2/3U_B$ 。使用时,应当留有 2 倍的裕量。

4. 最高工作结温 T_{JM}

结温是指管芯 PN 结的平均温度,用 T_J 表示。最高工作结温 T_{JM} 是指在 PN 结不致损坏的前提下所能承受的最高平均温度。T_{JM} 通常在 125~175 ℃ 。

5. 反向恢复时间 t_{rr}

指电力二极管由正向偏置转换为反向偏置时,从 I_F 过零点到反向电流恢复至反向电流过冲 I_{RP} 的 25% 点处所花费的时间。反向恢复时间由延迟时间 t_d 和电流下降时间 t_f 构成,用来标称电力二极管恢复的快慢。

6. 浪涌电流 I_{FSM}

指电力二极管所能承受最大的连续一个或几个工频周期的过电流。

2.1.4　电力二极管的主要类型

按照正向压降、反向耐压、反向漏电流等性能,特别是反向恢复特性的不同,介绍几种常用的电力二极管。

1. 普通二极管(general purpose diode)

又称整流二极管(rectifier diode),多用于开关频率不高(1 kHz 以下)的整流电路中。

其反向恢复时间较长,一般在 5 μs 以上。其正向电流定额和反向电压定额可以达到很高。

2. 快恢复二极管(fast recovery diode,FRD)

恢复过程很短,特别是反向恢复过程很短(一般在 5 μs 以下)。快恢复外延二极管(fast recovery epitaxial diodes,FRED),采用外延型 P – i – N 结构,其反向恢复时间更短(可低于 50 ns),正向压降也很低(0.9 V 左右)。

快恢复二极管从性能上可分为快速恢复和超快速恢复两个等级。前者反向恢复时间为数百纳秒或更长,后者则在 100 ns 以下,甚至达到 20 ~ 30 ns。

3. 肖特基二极管(schottky barrier diode,SBD)

优点:反向恢复时间很短(10 ~ 40 ns),正向恢复过程中不会有明显的电压过冲;在反向耐压较低的情况下其正向压降也很小,明显低于快恢复二极管,因此,其开关损耗和正向导通损耗都比快速二极管还要小,效率高。

缺点:当所能承受的反向耐压提高时其正向压降也会高得不能满足要求,因此多用于 200 V 以下的低压场合;反向漏电流较大且对温度敏感,因此反向稳态损耗不能忽略,而且必须更严格地限制其工作温度。

2.2　晶闸管(SCR)

晶闸管(thyristor)是晶体闸流管的简称,又称作可控硅整流器(silicon controlled rectifier,SCR),以前被简称为可控硅。1956 年美国贝尔实验室(Bell laboratories)发明了晶闸管,1957 年美国通用电气公司(General Electric)开发出了世界上第一只晶闸管产品,并于 1958 年使其商业化。

其承受的电压和电流容量仍然是目前电力电子器件中最高的,而且工作可靠,因此在大容量的应用场合仍然具有比较重要的地位。晶闸管及其模块见图 2 - 4。

图 2 - 4　晶闸管及其模块

2.2.1　晶闸管的外形、结构和电气图形符号

从外形上看,晶闸管主要有螺栓型和平板型两种封装结构。引出阳极 A、阴极 K 和门极(控制端)G 三个连接端。对于螺栓型封装,通常螺栓是其阳极,做成螺栓是为了能与散热器紧密连接而且方便安装;另一侧较粗的端子是阴极,细的为门极。平板型封装的晶闸管由两个散热器将其夹在中间,两个平面分别是阴极和阳极,引出细长的端子为门极。内部是 PNPN 四层半导体结构,形成了 3 个 PN 结,其中从 P_2 处引出门极。晶闸管的外形、结构和电气图形符号如图 2 - 5 所示。

2.2.2　晶闸管的结构与工作原理

晶闸管内部是 PNPN 四层半导体结构,分别命名为 P_1、N_1、P_2、N_2 四个区。P_1 区引出 A,N_2 区引出 K,P_2 区引出门极 G。四个区形成了 J_1、J_2、J_3 三个 PN 结。如果正向电压(A 接 + ,K 接 -)加到器件上,则 J_2 处于反偏状态,A、K 两端只有微弱的漏电流流过,宏观上不能导通。如果在 A、K 两端施加反向电压(A 接 −，K 接 +)，则 J_1、J_2 处于反偏状态，仅有极小的漏电流流过。

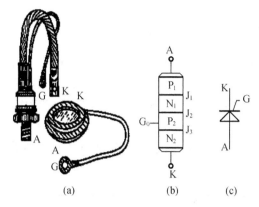

图 2 - 5　晶闸管的外形、结构和电气图形符号

(a)外形；(b)结构；(c)电气图形符号

晶闸管的导通原理可以用双晶体管模型来解释，如图 2 - 6 所示。

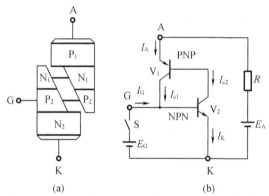

图 2 - 6　晶闸管的双晶体管模型及其工作原理

在器件上取一倾斜的截面，则晶闸管可以看作由 $P_1N_1P_2$ 和 $N_1P_2N_2$ 构成的两个晶体管 V_1、V_2 组合而成。其中，V_1 的集电极与 V_2 的基极相连；V_2 的集电极与 V_1 的基极相连。如果外电路向门极 G 注入电流 I_G，即注入触发电流，则 I_G 流入 V_2 的基极，即产生集电极电流 I_{c2}，它构成晶体管 V_2 的基极电流，放大成集电极电流 I_{c1}，又进一步增大 V_2 的基极电流，如此形成强烈的正反馈，最后 V_1 和 V_2 都进入完全饱和状态，即晶闸管导通。

此时，如果撤掉外电路注入门极 G 的外电流 I_G，晶闸管内部由于已经产生强烈的正反馈仍会维持导通状态。若要使晶闸管关断，必须去掉阳极所施加的正向电压，或者给阳极施加反压，或者设法使流过晶闸管的电流降低到接近于零的某一值以下。

所以，对晶闸管的驱动过程更多的称为触发，产生注入门极的触发电流 I_G 的电路称为门极触发电路，也正是由于其门极能控制其开通，而不能控制其关断才能实现。

此外，除门极触发外还有其他几种可能使得晶闸管导通的情况：阳极电压升高至相当高的数值造成雪崩效应；阳极电压上升率 $\mathrm{d}u/\mathrm{d}t$ 过高；结温较高；光触发。这些情况除了光触发可以保证控制电路与主电路之间的良好绝缘而应用于高压电力设备中之外,其他都因不易控制而难以应用于实践。只有门极触发是最精确、迅速而可靠的控制手段。

2.2.3 晶闸管正常工作时的特性

（1）当晶闸管承受反向电压时,不论门极是否有触发电流,晶闸管都不会导通。

（2）当晶闸管承受正向电压时,仅在门极有触发电流的情况下晶闸管才能导通。

（3）晶闸管一旦导通,门极就失去控制作用,不论门极触发电流是否还存在,晶闸管都保持导通。

（4）若要使已导通的晶闸管关断,只能利用外加电压和外电路的作用使流过晶闸管的电流降到接近于零的某一数值以下。

2.2.4 晶闸管的主要参数

1. 电压定额

断态重复峰值电压 U_{DRM}：是在门极断路而结温为额定值时,允许重复加在器件上的正向峰值电压。国标规定断态重复峰值电压 U_{DRM} 为断态不重复峰值电压（即断态最大瞬时电压）U_{DSM} 的90%。断态不重复峰值电压应低于正向转折电压 U_{bo}。

反向重复峰值电压 U_{RRM}：是在门极断路而结温为额定值时,允许重复加在器件上的反向峰值电压。国标规定反向重复峰值电压 U_{RRM} 为反向不重复峰值电压（即反向最大瞬态电压）U_{RSM} 的90%。反向不重复峰值电压应低于反向击穿电压。

通态（峰值）电压 U_T：晶闸管通以某一规定倍数的额定通态平均电流时的瞬态峰值电压。通常取晶闸管的 U_{DRM} 和 U_{RRM} 中较小的标值作为该器件的额定电压。选用时,额定电压一般取为正常工作时晶闸管所承受峰值电压的2~3倍。

2. 电流定额

通态平均电流 $I_{T(AV)}$：晶闸管在环境温度为40℃和规定的冷却状态下,稳定结温不超过额定结温时所允许流过的最大工频正弦半波电流的平均值。按照正向电流造成的器件本身的通态损耗的发热效应来定义。一般取其通态平均电流为按发热效应相等（即有效值相等）的原则所得计算结果的1.5~2倍。

维持电流 I_H：维持电流是指使晶闸管维持导通所必需的最小电流,一般为几十到几百毫安。结温越高,则 I_H 越小。

擎住电流 I_L：擎住电流是晶闸管刚从断态转入通态并移除触发信号后,能维持导通所需的最小电流,为 I_H 的2~4倍。

浪涌电流 I_{TSM}：指由于电路异常情况引起的并使结温超过额定结温的不重复性最大正向过载电流。

3. 动态参数

开通时间：$t_{gt} = t_d + t_f$。开通时间 t_{gt} 为延迟时间 t_d 与电流上升时间 t_f 之和。即,从0到90% i_A 所花费的时间。

关断时间 t_q：$t_q = t_{rr} + t_{gr}$。关断时间为反向阻断恢复时间 t_{rr} 与正向阻断恢复时间 t_{gr} 之和。即从 i_A 过零点到 u_{AK} 上升过零点所花费的时间。普通晶闸管的关断时间为几百微秒。

断态电压临界上升率 du/dt：在额定结温和门极开路的情况下，不导致晶闸管从断态到通态转换的外加电压最大上升率。电压上升率过大，使充电电流足够大，就会使晶闸管误导通。

通态电流临界上升率 di/dt：在规定条件下，晶闸管能承受而无有害影响的最大通态电流上升率。如果电流上升太快，可能造成局部过热而使晶闸管损坏。

2.2.5　晶闸管的派生器件

1. 快速晶闸管(fast switching thyristor,FST)

有快速晶闸管和高频晶闸管。快速晶闸管的开关时间以及 du/dt 和 di/dt 的耐量都有了明显改善。从关断时间来看，普通晶闸管一般为数百微秒，快速晶闸管为数十微秒，而高频晶闸管则为 10 μs 左右。高频晶闸管的不足在于其电压和电流定额都不宜过高。由于工作频率较高，选择快速晶闸管和高频晶闸管的通态平均电流时不能忽略其开关损耗的发热效应。

2. 双向晶闸管(triode AC switch,TRIAC 或 bidirectional triode thyristor)

可以认为是一对反并联连接的普通晶闸管的集成。门极使器件在主电极的正反两方向均可触发导通，在第 I 和第 III 象限有对称的伏安特性。双向晶闸管通常用在交流电路中，因此不用平均值而用有效值来表示其额定电流值。双向晶闸管的电气图形符号和伏安特性见图 2 – 7。

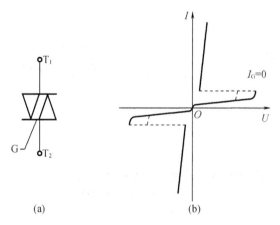

图 2 – 7　双向晶闸管的电气图形符号和伏安特性
（a）电气图形符号；（b）伏安特性

3. 逆导晶闸管(reverse conducting thyristor,RCT)

是将晶闸管反并联一个二极管制作在同一管芯上的功率集成器件，不具有承受反向电压的能力，一旦承受反向电压即开通。逆导晶闸管具有正向压降小、关断时间短、高温特性好、额定结温高等优点，可用于不需要阻断反向电压的电路中。逆导晶闸管的电气图形符号和伏安特性见图 2 – 8。

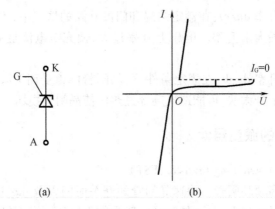

(a)   (b)

图 2 - 8   逆导晶闸管的电气图形符号和伏安特性
(a)电气图形符号；(b)伏安特性

4.光控晶闸管(light triggered thyristor,LTT)

这是利用一定波长的光照信号触发导通的晶闸管。由于采用光触发保证了主电路与控制电路之间的绝缘,而且可以避免电磁干扰的影响,因此光控晶闸管用在高压大功率的场合。光控晶闸管的电气图形符号和伏安特性见图 2 - 9。

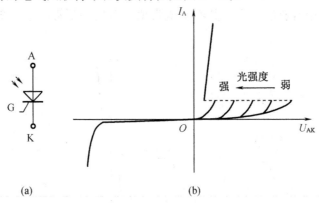

(a)   (b)

图 2 - 9   光控晶闸管的电气图形符号和伏安特性
(a)电气图形符号；(b)伏安特性

2.3   门极可关断晶闸管(GTO)

晶闸管的一种派生器件,但可以通过在门极施加负的脉冲电流使其关断,因而属于全控型器件。

2.3.1　门极可关断晶闸管(GTO)的内部结构和电气图形符号(图2-10)

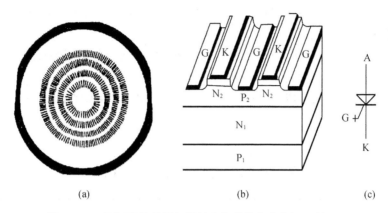

(a)　　　　　　　　(b)　　　　　　　(c)

图2-10　门极可关断晶闸管的内部结构和电气图形符号

(a)GTO 的各单元的阴极、门极间隔排列的图形;(b)并联单元结构断面示意图;(c)电气图形符号

2.3.2　GTO 的结构和工作原理

GTO 和普通晶闸管一样,是 PNPN 四层半导体结构,外部也是引出阳极、阴极和门极。但和普通晶闸管不同的是,GTO 是一种多元的功率集成器件。虽然外部同样引出三个极,但内部包含数十个甚至数百个共阳极的小 GTO 元,这些 GTO 元的阴极和门极则在器件内部并联在一起。这种特殊结构是为了便于实现门极控制关断而设计的。当晶闸管需要关断时,这种设计使得抽取载流子的横向电阻很小,为载流子的抽取提供了有利条件。

与普通晶闸管一样,GTO 的工作原理也可以使用双晶体管模型来分析。由 $P_1N_1P_2$ 和 $N_1P_2N_2$ 构成的两个晶体管 V_1、V_2 分别具有共基极电流增益 α_1 和 α_2。由普通晶闸管的分析可以看出,$\alpha_1 + \alpha_2 = 1$ 是器件临界导通的条件。当 $\alpha_1 + \alpha_2 > 1$ 时,两个等效晶体管饱和而器件导通;当 $\alpha_1 + \alpha_2 < 1$ 时,不能维持饱和导通而关断。GTO 与普通晶闸管不同的是:

(1)设计 α_2 较大,使晶体管 V_2 控制灵敏,易于 GTO 关断;

(2)导通时 $\alpha_1 + \alpha_2$ 更接近1,导通时接近临界饱和,有利于门极控制关断,但导通时管压降增大;

(3)多元集成结构,使得 P_2 基区横向电阻很小,能从门极抽出较大电流。

GTO 的导通过程与普通晶闸管是一样的,只不过导通时饱和程度较浅。而关断时,给门极加负脉冲,即从门极抽出电流,当两个晶体管发射极电流 I_A 和 I_K 的减小使 $\alpha_1 + \alpha_2 < 1$ 时,器件退出饱和而关断。

此外,GTO 的多元集成结构使得其比普通晶闸管开通过程更快,承受 di/dt 的能力增强。

2.2.3　GTO 的主要参数

GTO 的许多参数都和普通晶闸管相应的参数意义相同。

(1)最大可关断阳极电流 I_{ATO}:用来标称 GTO 额定电流。

（2）电流关断增益 β_{off}：最大可关断阳极电流 I_{ATO} 与门极负脉冲电流最大值 I_{GM} 之比。β_{off} 一般很小，只有 5 左右，这是 GTO 的一个主要缺点。

（3）开通时间 t_{on}：延迟时间与上升时间之和。延迟时间一般为 1～2 μs，上升时间则随通态阳极电流值的增大而增大。

（4）关断时间 t_{off}：一般指储存时间和下降时间之和，而不包括尾部时间。储存时间随阳极电流的增大而增大，下降时间一般小于 2 μs。

此外，不少 GTO 都制造成逆导型，类似于逆导晶闸管。当需要承受反向电压时，应和电力二极管串联使用。

2.4　电力晶体管（BJT）

电力晶体管（giant transistor，GTR）按英文直译为巨型晶体管，是一种耐高电压、大电流的双极结型晶体管（bipolar junction transistor，BJT）。在电力电子技术的范围内，GTR 与 BJT 这两个名称是等效的。

2.4.1　电力晶体管的内部结构和电气图形符号（图 2-11）

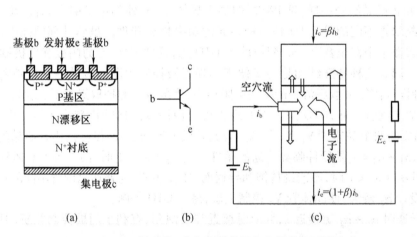

图 2-11　GTR 的结构、电气图形符号和内部载流子的流动

(a)内部结构断面示意图；(b)电气图形符号；(c)内部载流子的流动

2.4.2　电力晶体管的结构和工作原理

GTR 与普通双极结型晶体管基本原理是一样的。

GTR 采用至少由两个晶体管按达林顿接法组成的单元结构，并采用集成电路工艺将许多这种单元并联而成。GTR 是由三层半导体（分别引出集电极、基极和发射极）形成的两个 PN 结（集电结和发射结）构成，多采用 NPN 结构。

在应用中，GTR 一般采用共发射极接法。集电极电流 i_c 与基极电流 i_b 之比为 $\beta = \dfrac{i_c}{i_b}$，β

称为 GTR 的电流放大系数,它反映了基极电流对集电极电流的控制能力。当考虑到集电极和发射极间的漏电流 I_{ceo} 时,i_c 和 i_b 的关系为 $i_c = \beta i_b + I_{ceo}$。单管 GTR 的 β 值比处理信息用的小功率晶体管小得多,通常为 10 左右,采用达林顿接法可以有效地增大电流增益。

2.4.3　电力晶体管的主要参数

除了电流放大倍数 β、直流电流增益 h_{FE}、集电极与发射极间漏电流 I_{ceo}、集电极和发射极间饱和压降 U_{ces}、开通时间 t_{on} 和关断时间 t_{off} 之外,GTR 的主要参数还包括:

(1)最高工作电压:GTR 上所加的电压超过规定值时,就会发生击穿。击穿电压不仅和晶体管本身的特性有关,还与外电路的接法有关。发射极开路时集电极和基极间的反向击穿电压 BU_{cbo}、基极开路时集电极和发射极间的击穿电压 BU_{ceo}、发射极与基极间用电阻连接或短路连接时集电极和发射极间的击穿电压 BU_{cer} 和 BU_{ces}、发射结反向偏置时集电极和发射极间的击穿电压 BU_{cex}。它们之间的关系是:$BU_{cbo} > BU_{cex} > BU_{ces} > BU_{cer} > BU_{ceo}$。实际使用 GTR 时,为了确保安全,最高工作电压要比 BU_{ceo} 低得多。

(2)集电极最大允许电流 I_{cM}:规定直流电流放大系数 h_{FE} 下降到规定的 $1/3 \sim 1/2$ 时所对应的 I_c。实际使用时要留有较大裕量,只能用到 I_{cM} 的一半或稍多一点。

(3)集电极最大耗散功率 P_{cM}:指在最高工作温度下允许的耗散功率。产品说明书中在给出 P_{cM} 时总是同时给出壳温 T_C,间接表示了最高工作温度。

2.4.4　电力晶体管的二次击穿现象与安全工作区

当 GTR 的集电极电压升高至击穿电压时,集电极电流迅速增大,这种首先出现的击穿是雪崩击穿,称为一次击穿。一次击穿发生时如不有效地限制电流,I_c 增大到某个临界点时会突然急剧上升,同时伴随着电压的陡然下降,这种现象称为二次击穿。

出现一次击穿后,GTR 一般不会损坏,二次击穿常常立即导致器件的永久损坏,或者工作特性明显衰变,因而对 GTR 危害极大。

安全工作区(safe operating area,SOA):将不同基极电流下二次击穿的临界点连接起来,就构成了二次击穿临界线。GTR 工作时不仅不能超过最高电压 U_{ceM},集电极最大电流 I_{cM} 和最大耗散功率 P_{cM} 也不能超过二次击穿临界线。

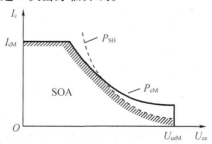

图 2 - 12　GTR 的安全工作区 SOA

2.5 电力场效应晶体管(电力 MOSFET)

电力场效应晶体管与用于信息处理的场效应管一样,也分为结型和绝缘栅型,但通常主要指绝缘栅型中的 MOS 型(metal oxide semiconductor FET),简称电力 MOSFET(power MOSFET)。

电力 MOSFET 是用栅极电压来控制漏极电流的,它有以下特点:驱动电路简单,需要的驱动功率小;开关速度快,工作频率高;热稳定性优于 GTR;电流容量小,耐压低,多用于功率不超过 10 kW 的电力电子装置。

2.5.1 电力 MOSFET 的种类

按导电沟道可分为 P 沟道和 N 沟道。当栅极电压为零时漏源极之间存在导电沟道的称为耗尽型。对于 N(P)沟道器件,栅极电压大于(小于)零时才存在导电沟道的称为增强型。在电力 MOSFET 中,主要是 N 沟道增强型。

2.5.2 电力 MOSFET 的结构和工作原理

1.电力 MOSFET 的结构

电力 MOSFET 是单极型晶体管。结构上与小功率 MOS 管有较大区别,小功率 MOS 管是横向导电器件,而目前电力 MOSFET 大都采用了垂直导电结构,所以又称为 VMOSFET(vertical MOSFET),这大大提高了 MOSFET 器件的耐压和耐电流能力。电力 MOSFET 的结构和电气图形符号如图 2-13 所示。

按垂直导电结构的差异,分为利用 V 形槽实现垂直导电的 VVMOSFET(vertical v-groove MOSFET)和具有垂直导电双扩散 MOS 结构的 DMOSFET(vertical double-diffused MOSFET)。电力 MOSFET 也是多元集成结构。

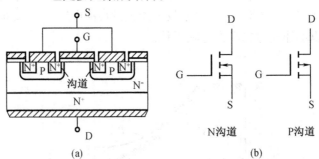

图 2-13 电力 MOSFET 的结构和电气图形符号
(a)内部结构断面示意图;(b)电气图形符号

2.电力 MOSFET 的工作原理

根据模拟电路中所学习到的知识,想要让一个 PN 结导通,必须使得 PN 结正偏,即由 P 指向 N 的电压。电力 MOSFET 栅极 G 与 N⁻ 区之间为绝缘材料,不存在有效导电路径。当

给源极 S 加正电压,漏极 D 加负电压时,则电压施加路径为:(1)S→P→N⁻→N⁺→D;(2)S→
N⁺→P→N⁻→N⁺→D。路径(1)没有受栅极控制直接导通,与全控性器件特性不符。路径
(2)出现 N⁺→P 的加压路径,此 PN 结反偏,导致路径(2)不能导通,仅有微弱的漏电流流
过。当给源极 S 加负电压,漏极 D 加正电压,则电压施加路径为:(3)D→N⁺→N⁻→P→S;
(4)D→N⁺→N⁻→P→N⁺→S。路径(3)出现了 N⁻→P 的加压路径,导致此 PN 结反偏,路
径(3)不能导通。同样,路径(4)出现了 N⁻→P 的加压路径,此路径也不能导通。

在漏极 D 接正电压,源极 S 接负电压的条件下,如果在栅极 G 和源极 S 之间施加一正
向电压 U_{GS},由于栅极是绝缘的,所以不会有栅极电流流过。但是栅源极之间的正向电压以
电场的形式作用于半导体上,可以使得 P 区中的空穴被推开,而将 P 区中的少子——电子
吸引到栅极下面的 P 区表面。当 U_{GS} 大到某一电压值 U_T 时,栅极下 P 区表面的电子浓度将
会超过空穴浓度,从而使得 P 型半导体反型成 N 型半导体成为反型层。该反型层形成 N 沟
道,使 N⁺ 与 P 之间的 PN 结消失,从而形成 D→N⁺→N⁻→(N)→N⁺→S 这一导电路径
((N)代表 P 反型后的 N 型半导体)。电压 U_T 称作开启电压(或阈值电压),U_{GS} 超过 U_T 越
多,导电能力就越强,漏极电流 I_D 越大。

由于 U_{GS} 不存在时,外加电场就不复存在,从而导电通路就消失,电力 MOSFET 恢复阻
断。所以电力 MOSFET 是一种电压驱动型、电平触发型的全控性电力电子器件。

同其他电力电子器件与对应的信息电子器件的关系一样,与信息电子电路中 MOSFET
相比,电力 MOSFET 多了一个 N⁻ 漂移区(低掺杂 N 区),这是用来承受高电压的。不过由于
电力 MOSFET 是多子导电器件,栅极 G 和 P 区之间是绝缘的,无法像电力二极管和 GTR 一
样在导通时靠从 P 区向 N⁻ 区注入大量少子形成电导调制效应来减小通态电压和损耗。因
此,电力 MOSFET 虽然可以通过增加 N⁻ 区的厚度来提高承受电压的能力。但是由此带来
的通态电阻增大和损耗也是非常明显的。所以目前一般的电力 MOSFET 产品设计的耐压
能力都在 1 000 V 以下。

2.5.3 电力 MOSFET 的主要参数

1. 跨导 G_{fs}

I_D 与 U_{GS} 的关系近似线性,曲线的斜率被定义为 MOSFET 的跨导 G_{fs},$G_{fs} = \dfrac{\mathrm{d}I_D}{\mathrm{d}U_{GS}}$。

2. 开启电压 U_T

使得 P 型半导体反型成 N 型半导体的栅源极电压。

3. 漏极电压 U_{DS}

标称电力 MOSFET 电压定额的参数。

4. 漏极直流电流 I_D 和漏极脉冲电流幅值 I_{DM}

标称电力 MOSFET 电流定额的参数。

5. 栅源电压 U_{GS}

栅源之间的绝缘层很薄,$|U_{GS}| > 20$ V 将导致绝缘层击穿。

此外,漏源间的耐压、漏极最大允许电流和最大耗散功率决定了电力 MOSFET 的安全
工作区。

2.6 绝缘栅双极晶体管(IGBT)

GTR 和 GTO 是双极型电流驱动器件,由于具有电导调制效应,其通流能力很强,但开关速度较低,所需驱动功率大,驱动电路复杂。而电力 MOSFET 是单极型电压驱动器件,开关速度快,输入阻抗高,热稳定性好,所需驱动功率小而且驱动电路简单。绝缘栅双极晶体管(insulated – gate bipolar transistor,IGBT 或 IGT)综合了 GTR 和 MOSFET 的优点,因而具有良好的特性。

2.6.1 IGBT 的结构、简化等效电路和电气图形符号(图 2 – 14)

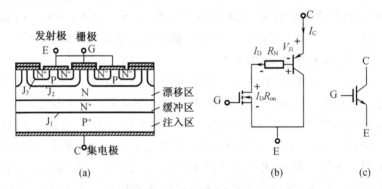

图 2 – 14 IGBT 的结构、简化等效电路和电气图形符号
(a)内部结构断面示意图;(b)简化等效电路;(c)电气图形符号

2.6.2 IGBT 的结构和工作原理

1. IGBT 的结构

IGBT 是三端器件,具有栅极 G、集电极 C 和发射极 E。由 N 沟道电力 MOSFET 与双极型晶体管组合而成的 IGBT,比电力 MOSFET 多一层 P^+ 注入区,实现对漂移区电导率进行调制,使得 IGBT 具有很强的通流能力。简化等效电路表明,IGBT 是用 GTR 与电力 MOSFET 组成的达林顿结构,相当于一个由 MOSFET 驱动的厚基区 PNP 晶体管。

2. IGBT 的工作原理

要想使 PN 结正向导通,必须对 PN 结施加正向电压,即出现产生 P→N 的路径且不能出现 N→P 的路径。IGBT 的极 G 与 N^- 区之间为绝缘材料,不存在有效导电路径。当给发射极 E 接正电压,给集电极 C 接负电压,则存在两条电压施加路径:(1)E→N^+→P→N^-→N^+→P^+→C;(2)E→P→N^-→N^+→P^+→C。路径(1)由于出现了 N^+→P 的部分路径,所以 PN 结 J_3 反偏,仅有微弱的漏电流流过,该路径不能导通。路径(2)出现了 N^+→P^+ 的部分路径,所以 PN 结 J_1 反偏,此路径也不能导通。同理,当给发射极 E 接负电压,给集电极 C 接正电压,也存在两条电压施加路径:(3)C→P^+→N^+→N^-→P→E;(4)C→P^+→N^+→N^-→P→N^+→E。路径(3)出现了 N^-→P 的部分路径 PN 结 J_2 反偏,仅有微弱的漏电流流过。路径(4)出现了 $N^-\to P$ 的部分路径,所以此路径也不能导通。

在发射极 E 接负电压,集电极 C 接正电压的条件下,如果在栅极 G 和发射极 E 之间施加一正向电压 U_{GE},由于栅极是绝缘的,所以不会有栅极电流流过。但是栅源极之间的正向电压以电场的形式作用于半导体上,可以使得 P 区中的空穴被推开,而将 P 区中的少子——电子吸引到栅极下面的 P 区表面。当 U_{GE} 大到某一电压值 U_T 时,栅极下 P 区表面的电子浓度将会超过空穴浓度,从而使得 P 型半导体反型成 N 型半导体,从而成为反型层。该反型层形成 N 沟道,使 N^+ 与 P 之间的 PN 结消失,从而形成:$C\to P^+\to N^+\to N^-\to(N)\to N^+\to E$ 的导电路径((N)代表 P 反型后的 N 型半导体)。电压 U_T 称作开启电压(或阈值电压),U_{GE} 超过 U_T 越多,导电能力就越强,漏极电流 I_C 越大。

3. IGBT 的擎住效应

由 IGBT 的结构可知,在 IGBT 内部寄生着一个 N^-PN^+ 晶体管和作为主开关器件的 P^+N^-P 晶体管组成的寄生晶体管。其中,NPN 晶体管的基极和发射极之间存在体区短路电阻,P 型体区的横向空穴电流会在该电阻上产生压降,相当于对 J_3 结施加一个正向偏压。在额定集电极电流范围内,这个偏压很小,不足以使得 J_3 开通。但一旦 J_3 开通,栅极就会失去对集电极电流的控制作用,导致集电极电流增大,造成器件功率损耗过高而损坏。这种电流失控现象,就像普通晶闸管被触发以后,即使撤销触发信号,晶闸管依然进入正反馈过程而维持导通一样,所以这种现象称为擎住效应或自锁效应。

2.6.3 IGBT 的主要参数

1. 最大集射极间电压 U_{CES}

由器件内部的 PNP 晶体管所能承受的击穿电压所确定的。

2. 最大集电极电流

包括额定直流电流 I_C 和 1 ms 脉宽最大电流 I_{CP}。

3. 最大集电极功耗 P_{CM}

在正常工作温度下允许的最大耗散功率。

IGBT 的特性和参数特点可以总结如下:

(1)开关速度高,开关损耗小;

(2)相同电压和电流定额的情况下,IGBT 的安全工作区比 GTR 大,而且具有耐脉冲电流冲击的能力;

(3)通态压降比电力 MOSFET 低,特别是在电流较大的区域;

(4)输入阻抗高,其输入特性与电力 MOSFET 类似;

(5)与电力 MOSFET 和 GTR 相比,IGBT 的耐压和通流能力还可以进一步提高,同时保持开关频率高的特点。

2.7　其他电力电子器件

2.7.1　MOS 控制晶闸管 MCT

MCT(MOS controlled thyristor)是将电力 MOSFET 与晶闸管组合而成的复合型器件。结合了 MOSFET 的高输入阻抗、低驱动功率、快速的开关过程和晶闸管的高电压大电流、低导通压降的特点。

MCT 由数以万计的 MCT 元组成,每个元的组成为一个 PNPN 晶闸管、一个控制该晶闸管开通的电力 MOSFET 和一个控制该晶闸管关断的电力 MOSFET。

由于其关键技术问题没有大的突破,电压和电流容量都远未达到预期的数值,并未能投入实际应用。

2.7.2　静电感应晶体管 SIT

SIT 是一种结型场效应晶体管,也是一种多子导电的器件,其工作频率与电力 MOSFET 相当,甚至超过电力 MOSFET,而功率容量也比电力 MOSFET 大,因而适用于高频大功率场合。

当栅极不加任何信号时是导通的,栅极加负偏压时关断,这被称为正常导通型器件,使用不太方便,此外 SIT 通态电阻较大,使得通态损耗也大,因而 SIT 还未在大多数电力电子设备中得到广泛应用。

2.7.3　静电感应晶闸管 SITH

SITH 可以看作是 SIT 与 GTO 复合而成,又被称为场控晶闸管(field controlled thyristor, FCT),本质上是两种载流子导电的双极型器件,具有电导调制效应,通态压降低,通流能力强。其很多特性与 GTO 类似,但开关速度比 GTO 高得多,是大容量的快速器件。一般是正常导通型,但也有正常关断型,电流关断增益较小,因而其应用范围还有待拓展。

2.7.4　集成门极换流晶闸管 IGCT

IGCT 是将一个平板型的 GTO 与由很多个并联的电力 MOSFET 器件和其他辅助元件组成的 GTO 门极驱动电路采用精心设计的互联结构和封装工艺集成在一起。

IGCT 容量与普通 GTO 相当,但开关速度比普通的 GTO 快 10 倍,而且可以简化普通 GTO 应用时庞大而复杂的缓冲电路,只不过其所需的驱动功率仍然很大。

第3章 电力电子技术实验

实验1 常用实验设备及使用

一、实验目的

1. 掌握实验室守则、实验室管理规范及实验室设备管理办法。
2. 掌握实验设备使用须知，强调实验室安全。
3. 认识常用实验设备，掌握常用设备使用方法。

二、实验内容

1. 掌握 EL – DS – Ⅲ 设备使用方法及注意事项。
2. 掌握双踪示波器的使用方法。
3. 交直流电源使用方法及接线。

三、实验设备与仪器

1. EL – DS – Ⅲ 实验台、DSP01 – DP01 实验挂箱。
2. 双踪示波器。
3. 交流三相隔离主电源。

四、实验电路的组成及实验操作

1. 实验电路的组成

本实验电路由变压器、电力二极管及负载组成，负载由一个大电阻替代。并联在电阻两端的电容有滤波的作用。4 个二极管构成桥式整流电路，电路中用 4 个电力二极管限制电流的流通路径，使得电阻上的电压始终上正下负。

2. 实验操作

打开系统总电源，系统工作模式设置为"高级应用"。将主电源面板上的电压选择开关置于"3"位置，即主电源相电压输出设定为 220 V。按照教师示范完成实验接线。经指导教师检查无误后，可上电开始实验。依次闭合控制电路、挂箱上的电源开关、主电路；用示波器监测负载电阻两端的波形，观察并记录负载电压波形及变化情况，分析电路工作原理。实验完成后，依次关断系统主电路、挂箱上的电源开关、控制电路电源。

五、实验原理

实验原理图见图 3－1，交流电源输出 220 V 交流电，变压器降压后，成为 30 V 交流电。将此交流电压输入单相桥式整流电路，当交流电处于 a 正 b 负的状态时，电流由 a 点流出，经过 D_1、负载、D_4 回到 b 点，此时，负载上电压上正下负；当交流电处于 a 负 b 正的状态时，电流由 b 点流出，经过 D_3、负载、D_2 回到 a 点，此时，负载上的电压依然上正下负。由此可以得到幅值为 30 V 的脉动直流电。由于脉动直流电波动很大，不能为日常用电设备供电，必须将此脉动直流电滤波处理。电容具有阻碍电压变化的作用，脉动直流电经电容滤波后，得到了相对平滑的直流电。本次实验得到的直流电可为后续部分实验提供所需直流电源。

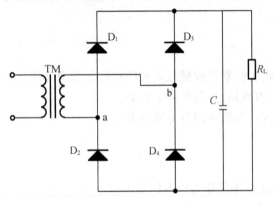

图 3－1　交直流电源接线

六、实验报告

1. 观察并记录电阻 R 两端的电压波形。
2. 通过实验现象分析电路的工作原理。

七、思考题

电容器 C 的作用是什么，去掉后波形是什么？

实验 2　单结晶体管触发电路的研究

一、实验目的

1. 了解单结晶体管触发电路的组成和工作原理。
2. 验证单结晶体管触发电路的各点工作波形。

二、实验内容

用示波器观察触发电路各测试点,记录波形,分析电路的工作原理。

三、实验设备与仪器

1. 触发电路挂箱 I (DST01)——DT01 单元。
2. 电源及负载挂箱I(DSP01)或者电力电子变换技术挂箱IIa(DSE03)——DP01 单元。
3. 慢扫描双踪示波器、数字万用表等测试仪器。

四、实验电路的组成及实验操作

1. 实验电路组成及原理

单结晶体管触发电路的面板布置见图 3 – 2。图中给出了触发电路的原理图,交流电源由 A 和 A_1 端输入经过整流和稳压管削波后变成梯形波,作为触发电路的电源和同步信号。晶体管 VT_1 将移相电压和偏置电压综合,共同作用于 VT_2 为电容 C_1 提供恒流充电,使移相控制均匀。电容电位大到一定值使得单结晶体管导通,从而通过单结晶体管进行放电,当电容电压放至低于单结晶体管的谷点以下时,单结晶体管阻断,电容电位再次升高,如此电路就产生一系列脉冲电流。由于同步信号的作用,脉冲列的第一个脉冲同步与交流电源,控制该脉冲的相位,并使之作用于晶闸管门极,则可实现相控整流。

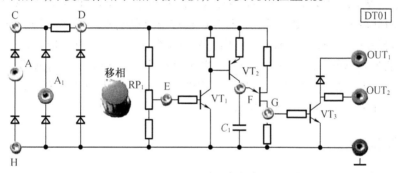

图 3 – 2　单结晶体管触发电路

2. 实验操作

打开系统总电源,系统工作模式设置为"高级应用"。将主电源面板上的电压选择开关置于"3"位置,即主电源相电压输出设定为 220 V。取出主电路的一路输出 U 和中线 L01 连接到电源单元 DP01 隔离变压器的输入端子 U 和 L01;DP01 单元的单相同步信号输出端 A 和 A_1 分别接触发电路(DT01 单元)的同步输入端 A 和 A_1;注意连线的极性。之后依次闭合控制电路、挂箱上的电源开关及主电路。调节"DT01"单元的"移相"电位器,用示波器观测电路单元上的各测试点 C、D、F、G,并记录各点波形。参考教材,分析电路工作原理。实验完毕,依次关闭系统主电路、挂箱上的电源开关、控制电路,最后关闭系统总电源。

五、实验原理

经变压器变压处理后,得到 20 V 左右的交流电压。此电压经 A、A_1 两点输入单结晶体管触发电路。经过单相桥式整流电路整流处理后,电压波形负半周的部分被反转至正半周,得到脉动的电压波形,于是可知 C 点电压波形为幅值 20 V 的脉动直流电。此脉动直流电经后续稳压管的削峰作用,得到波峰被削去的直流电。RP_1 为电位器,用来调节电压大小,因此 E 点波形与 D 点波形形状相同,但由于分压作用,E 点电压的幅值小于 D 点。E 点之后的 VT_1、VT_2 以达林顿管形式连接。

F 点下方连接一电容 C_1,此电容上正下负。达林顿管触发后,电容 C_1 缓慢充电,由于 C_1 负极与大地相连为系统的电势最低点。故 C_1 正极的电势缓慢升高,当 F 点电势升到足以使得单结晶体管导通,便形成 $C_1 \rightarrow F \rightarrow G \rightarrow R \rightarrow C_1$ 的导电回路,由于电阻 R 很大,所以电容 C_1 快速放电。随着 C_1 放电,C_1 正极的电势也降低,很快便不足以触发单结晶体管,使得导电回路消失,于是 C_1 又回到充电状态。综上可知,F 点电压波形为电容充放电的波形。

由于大电阻 R 的存在,G 点电势略高于地,所以单结晶体管不导通时,G 点电势保持不变,且远低于 F 点。当单结晶体管由 C_1 电势升高而触发时,F 点电势与 G 点电势相同。由此可知,G 点波形为一平台上具有毛刺的波形。

G 点只有在单结晶体管触发时才与 F 点波形一致,所以电容 C_1 放电的瞬间是 G 点毛刺产生的时间点。

再者,电位器 RP_1 可以调节 E 点电势,当使得 E 点电势较高时,电容 C_1 就迅速充电,从而使得单位时间内充放电次数变多,表现为 G 点波形毛刺变密。同理,当 E 点电势较低时,电容 C_1 就缓慢充电,从而使得单位时间内充放电次数减少,即 G 点波形毛刺变疏。

G 点的毛刺波形可以用来触发晶闸管,当晶闸管处于正向电压时,毛刺作为晶闸管的门极触发电流 I_G,使得晶闸管开通。调节 E 点电势的大小相当于调节触发电流 I_G 的频率,故调节 RP_1 相当于改变晶闸管的触发角 α。

六、实验报告

1. 观察并记录触发电路各测试点电压波形。
2. 通过实验现象分析触发电路的工作原理。

七、思考题

移相电位器的作用是什么?

实验 3　单相锯齿波移相触发电路的研究

一、实验目的

1. 了解锯齿波移相触发电路的工作原理。
2. 了解锯齿波移相触发电路的一般特点。

二、实验内容

用示波器观察触发电路各测试点，记录各点波形，分析电路的工作原理。

三、实验设备与仪器

1. 触发电路挂箱 I（DST01）——DT02 单元。
2. 电源及负载挂箱 I（DSP01）或者电力电子变换技术挂箱 II a（DSE03）——DP01 单元。
3. 慢扫描双踪示波器、数字万用表等测试仪器。

四、实验电路的组成及实验操作

1. 实验电路的组成

集成单相锯齿波移相触发电路的面板布置见图 3－3，图中给出了集成电路的内部原理示意图。集成电路由同步检测电路、锯齿波形成电路、偏移电路、移相电压及锯齿波电压综合比较放大电路和功率放大电路组成。

2. 实验操作

打开系统总电源，系统工作模式设置为"高级应用"。将主电源电压选择开关置于"3"位置，即将主电源相电压设定为 220 V；取出主电路的一路输出 U 和输出中线 L01 连接到 DP01 单元隔离变压器的交流输入端 U 和 L01；DP01 单元的同步信号输出端 A 和 B 连接到锯齿波移相触发电路（DT02）的同步信号输入端 A 和 B。然后，依次闭合控制电路、挂箱上的电源开关及主电路。调节 DT02 单元的移相控制电位器 RP_1，用示波器分别观测触发器单元各测试点，并记录各点波形，参考教材相关章节的内容，分析电路工作原理。实验完毕，依次切断主电路、挂箱电源开关、控制电路及系统总电源开关，最后拆除实验导线。

五、实验报告

1. 观察并记录触发电路各测试点电压波形。
2. 分析触发电路的组成和工作原理。
3. 分析锯齿波触发电路与单结晶体管触发电路的区别。

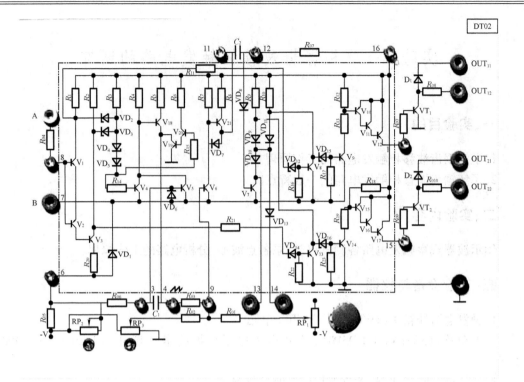

图 3 – 3　集成锯齿波移相触发电路

六、思考题

DT02 单元移相控制电位器的作用是什么？

实验 4　SCR(单向和双向)特性与触发实验

一、实验目的

1. 了解晶闸管的基本特性。
2. 熟悉晶闸管的触发与吸收电路。

二、实验内容

1. 晶闸管的导通与关断条件的验证。
2. 晶闸管的触发与吸收电路。

三、实验设备与仪器

1. 典型器件及驱动挂箱(DSE01)——DE01 单元。
2. 触发电路挂箱 I(DST01)——DT02 单元。
3. 触发电路挂箱 I(DST01)——DT03 单元(也可用 DG01 取代)。
4. 电源及负载挂箱 I(DSP01)或电力电子变换技术挂箱 II a(DSE03)——DP01 单元。
5. 逆变变压器配件挂箱(DSM08)——电阻负载单元。
6. 慢扫描双踪示波器、数字万用表等测试仪器。

四、实验电路的组成及实验操作

1. 晶闸管的导通与关断条件的验证

晶闸管电路面板布置见图 3 −4,实验单元提供了一个脉冲变压器作为脉冲隔离及功率驱动,脉冲变压器的二次侧有相同的两组输出,使用时可以任选其一;单元中还提供了一个单向晶闸管和一个双向晶闸管供实验时测试,此外还有一个阻容吸收电路,作为实验附件。打开系统总电源,将系统工作模式设置为“高级应用”。将主电源电压选择开关置于“3”位置,即将主电源相电压设定为 220 V;将 DT03 单元的钮子开关 S_1 拨向上,用导线连接模拟给定输出端子 K 和信号地与 DE01 单元的晶闸管 T_1 的门极和阴极;取主电源 DSM00 单元的一路输出 U 和输出中线 L01 连接到 DP01 单元的交流输入端子 U 和 L01,交流主电源输出端 AC_{15} 和 0 分别接至整流桥输入端 AC_1 和 AC_2,整流桥输出接滤波电容(DC + 、DC − 端分别接 C_1、C_2 端);DP01 单元直流主电源输出正端 DC + 接 DSM08 单元 R_1 的一端,R_1 的另一端接 DE01 单元单向可控硅 T_1 的阳极,T_1 的阴极接 DP01 单元直流主电源输出负端 DC −。闭合控制电路及挂箱上的电源开关,调节 DT03 单元的电位器 RP_2 使 K 点输出电压为“0 V”;闭合主电路,用示波器观测 T_1 两端电压;调节 DT03 单元的电位器 RP_2 使 K 点电压升高,监测 T_1 的端电压情况,记录使 T_1 由截止变为开通的门极电压值,它正比于通入 T_1 门极的电流 I_G;T_1 导通后,反向改变 RP_2 使 K 点电压缓慢变回“0 V”,同时监测 T_1 的端电压情况。断开主电路、挂箱电源、控制电路。将加在晶闸管和电阻上的主电源换成交流电源,即 AC15V 直接接 R_1 一端,T_1 的阴极直接接 O;依次闭合控制电路、挂箱电源、主电路。调节 DT03 单元的电位器 RP_2 使 K 点电压升高,监测 T_1 的端电压情况;T_1 导通后,反向改变 RP_2 使 K 点电压缓慢变回 0 V,同时监测并记录 T_1 的端电压情况。通过实验结果,参考教材相关章节的内容,分析晶闸管的导通与关断条件。实验完毕,依次断开主电路、挂箱电源、控制电路。

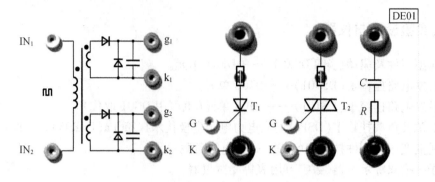

图 3 - 4 晶闸管及其驱动电路

2. 晶闸管的触发与吸收电路

将主电源电压选择开关置于"3"位置,即将主电源相电压设定为 220 V;用导线连接 DT02 单元输出端子 OUT₁₁ 和 OUT₁₂ 与 DE01 单元的脉冲变压器输入端 IN₁ 和 IN₂;取主电源的一路输出 U 和输出中线 L01 连接到 DP01 单元的交流输入端子 U 和 L01;DP01 单元的同步信号输出端 A 和 B 连接到锯齿波移相触发电路的同步信号输入端"A"和"B";将 DE01 单元的脉冲变压器输出 g₁ 和 k₁ 分别接至单向可控硅 T₁ 的 G 和 K 两极上;DP01 单元交流主电源输出同相端 AC₁₅ 接 DSM08 单元 R₁ 的一端,R₁ 的另一端接 DE01 单元单向可控硅 T₁ 的阳极,T₁ 的阴极接 DP01 单元交流主电源输出中心点 O。依次闭合控制电路、挂箱上的电源开关及主电路。调节 DT02 单元的移相控制电位器 RP₁ 使可控硅导通;用示波器观测 T₁ 两端电压波形;依次断开主电路、挂箱电源开关及控制电路;将 DE01 单元的阻容吸收网络并接在 T₁ 阳极与阴极的两端;依次闭合控制电路、挂箱上的电源开关及主电路,用示波器观测 T₁ 两端电压波形;记录增加吸收环节前后 T₁ 两端的电压波形,参考教材相关章节的内容,分析吸收电路的作用。实验完毕,依次断开主电路、挂箱电源、控制电路及系统总电源,拆除实验接线。

3. 双向晶闸管的特性实验

可以参照以上实验步骤进行实验,在此不再赘述,有兴趣的同学可以参考有关教材,自拟实验过程,通过实验分析双向晶闸管与单向晶闸管的区别。(注:触发单元用触发电路挂箱 I(DST01)——DT01 单元,将 DE01 的脉冲变压器输出 g₁ 和 k₁ 分别接至双向可控硅的 K 和 G 两极上)

五、实验报告

1. 通过实验数据验证晶闸管的导通与关断条件。

2. 通过波形比较分析吸收电路的作用。

3. 结合教材,分析脉冲变压器在实验中的作用;如果不用脉冲变压器,实验中要注意哪些问题?

实验 5　GTR 的特性、驱动与保护实验

一、实验目的

1. 了解大功率晶体管 GTR 的基本特性。
2. 熟悉 GTR 的驱动与吸收电路。

二、实验内容

GTR 的特性、驱动与保护电路。

三、实验设备与仪器

1. 典型器件及驱动挂箱(DSE01)——DE02 单元。
2. 触发电路挂箱Ⅰ(DST01)——DT03 单元。
3. 电源及负载挂箱Ⅰ(DSP01)或电力电子变换技术挂箱Ⅱa(DSE03)——DP01 单元。
4. 逆变变压器配件挂箱(DSM08)——电阻负载单元。
5. 慢扫描双踪示波器、数字万用表等测试仪器。

四、实验电路的组成及实验操作

1. GTR 的特性、驱动与保护实验

实验系统提供了带有光电隔离并具有非饱和监测器的 GTR 驱动电路,其原理见图 3－5(a)。当 GTR 正常导通时,两个高反压二极管 VD_5 和 VD_6 均导通,VD_4 时贝克钳位二极管使 GTR 处于临界饱和状态。单元面板布置见图 3－5(b)。

2. 实验操作

打开系统总电源,将系统工作模式设置为"高级应用"。将主电源电压选择开关置于"3"位置,即将主电源相电压设定为 220 V;用导线连接 DT03 单元脉冲输出"P＋"到脉冲驱动输入端 IN_1,输出端子 OUT_{11} 和 OUT_{12} 与 DE02 单元的驱动电路输入端 IN_1 和 IN_2;取主电源的一路输出 U 和输出中线 L01 连接到 DP01 单元的隔离变压器交流输入端子 U 和 L01,交流主电源输出端 AC_{15} 和 0 分别接至整流桥输入端 AC_1 和 AC_2,整流桥输出接滤波电容(DC＋、DC－端分别接 C_1、C_2 端);DP01 单元直流主电源输出正端 DC＋接 DP02 单元 R_1 的一端,R_1 的另一端接 DE02 单元 GTR 的 C 极,GTR 的 E 极接 DP01 单元直流主电源输出负端 DC－。将 DT03 单元的钮子开关 S_1 拨向下,即让 DT03 单元工作于 PWM 波形发生器状态,接线完毕经实验指导老师确认无误后,依次闭合控制电路、挂箱上的电源开关及主电路。用示波器观测 GTR 两端电压波形;调节 DT03 单元控制电位器 RP_2 使控制信号占空比为 50% 附近,以便波形观察。断电,将 DE02 单元的 RDC 吸收电路并接于 GTR 两端,上电,用示波器观测 GTR 两端电压波形;在负载电阻 R_1 后再串入一电感负载,重复以上步骤,测试在电感负载下 GTR 的工作波形。参考教材相关章节的内容,分析驱动电路的工作原理。

实验完毕,依次断开主电路、挂箱电源、控制电路。

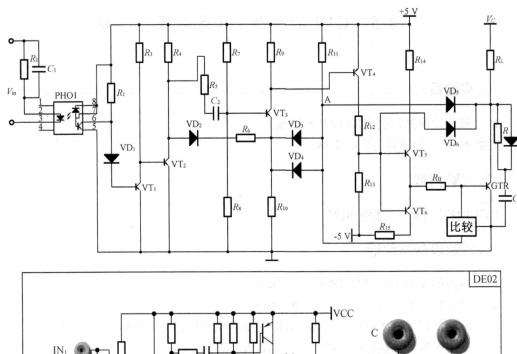

图 3 – 5　GTR 驱动与保护电路

(a)GTR 驱动与保护电路原理图;(b)GTR 驱动与保护电路面板布置图

五、实验报告

1. 通过波形观测,定性分析 GTR 驱动电路的原理和作用。

2. 通过波形比较分析吸收电路的作用。

实验6　MOSFET 的特性、驱动与保护实验

一、实验目的

1. 掌握 MOSFET 的基本特性。
2. 熟悉 MOSFET 的驱动电路构成及工作原理。

二、实验内容

MOSFET 的特性与驱动电路,测试各工作原理。

三、实验设备与仪器

1. 典型器件及驱动挂箱(DSE01)——DE03 单元。
2. 触发电路挂箱Ⅰ(DST01)——DT03 单元。
3. 电源及负载挂箱Ⅰ(DSP01)或电力电子变换技术挂箱Ⅱa(DSE03)——DP01 单元。
4. 逆变变压器配件挂箱(DSM08)——电阻负载单元。
5. 慢扫描双踪示波器、数字万用表等测试仪器。

四、实验电路的组成及实验操作

1. MOSFET 的特性与驱动实验

实验系统提供了带有光电隔离的 MOSFET 驱动电路,电路设计使输出级阻抗较小,从而解决了与栅极驱动源低阻抗匹配问题,使得栅极驱动的关断时间缩短。其原理如图 3−6 所示。

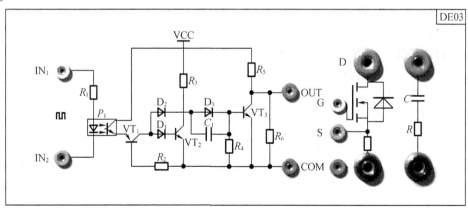

图 3−6　MOSFET 简单驱动电路原理图

2. 实验操作

打开系统总电源,将系统工作模式设置为"高级应用"。将主电源电压选择开关置于

"3"位置,即将主电源相电压设定为 220 V;将 DT03 单元的钮子开关 S_1 拨向上,用导线连接模拟给定输出端子 K 和信号地与 DE03 单元的 MOSFET 的 G 极和 S 极;取主电源 DSM00 单元的一路输出 U 和输出中线 L01 连接到 DP01 单元的交流输入端子 U 和 L01,交流主电源输出端 AC_{15} 和 0 分别接至整流桥输入端 AC_1 和 AC_2,整流桥输出接滤波电容(DC +、DC − 端分别接 C_1、C_2 端);DP01 单元直流主电源输出正端 DC + 接 DSM08 单元 R_1 的一端,R_1 的另一端接 DE03 单元 MOSFET 的 D 极,MOSFET 的 S 极经取样电阻接 DP01 单元直流主电源输出负端 DC −。闭合控制电路及挂箱上的电源开关,调节 DT03 单元的电位器 RP_2 使 K 点输出电压为 0 V;闭合主电路,用示波器观测 MOSFET 两端电压;调节 DT03 单元的电位器 RP_2 使 K 点电压升高,监测 MOSFET 的端电压情况,记录使 MOSFET 由截止变为导通的门极电压值;继续检测 MOSFET 端电压情况,反方向调节 RP_2,使 K 点电压降低。通过实验结果,分析 MOSFET 工作特性,实验完毕,断电,拆线。

MOSFET 的驱动实验:将 DT03 单元的钮子开关 S_1 拨向下,波形发生器设为 PWM 工作模式;用导线连接 DT03 单元脉冲输出 P + 和脉冲驱动输入端 IN_1,输出端子 OUT_{11} 和 OUT_{12} 与 DE03 单元的驱动电路输入端 IN_1 和 IN_2;驱动电路输出端 OUT 和 COM 分别接 MOSFET 的 G 和 S;取主电源的一路输出 U 和输出中线 L01 连接到 DP01 单元的隔离变压器交流输入端子 U 和 L01,交流主电源输出端 AC_{15} 和 0 分别接至整流桥输入端 AC_1 和 AC_2,整流桥输出接滤波电容(DC +、DC − 端分别接 C_1、C_2 端);DP01 单元直流主电源输出正端 DC + 接 DSM08 单元 R_1 的一端,R_1 的另一端接 DE03 单元 MOSFET 的 D 极,MOSFET 的 S 极经过一个电流取样电阻接 DP01 单元直流主电源输出负端 DC −。依次闭合控制电路、挂箱上的电源开关及主电路。用示波器观测 MOSFET 两端电压波形;调节 DT03 单元控制电位器 RP_2 使控制信号占空比为 50% 附近,以便波形观察。断电,将 DE03 单元的 RC 吸收电路并接于 MOSFET 两端;上电,用示波器观测 MOSFET 两端电压波形;参考教材相关章节的内容,分析驱动电路的工作原理。实验完毕,依次断开主电路、挂箱电源、控制电路。

五、实验报告

1. 通过实验,掌握 MOSFET 工作特性。
2. 通过波形观测,定性分析 MOSFET 驱动电路的原理和作用。
3. 通过波形比较分析吸收电路的作用。
4. 分析 MOSFET 与晶闸管导通关断条件的区别。

实验 7　IGBT 的特性、驱动与保护实验

一、实验目的

1. 掌握 IGBT 的基本特性。
2. 熟悉 IGBT 的驱动电路构成。
3. 了解 IGBT 和 MOSFET 的区别。

二、实验内容

IGBT 的特性、驱动与保护电路。

三、实验设备与仪器

1. 典型器件及驱动挂箱（DSE01）——DE04 单元。
2. 触发电路挂箱 I（DST01）——DT03 单元。
3. 电源及负载挂箱 I（DSP01）——DP01 单元。
4. 电力电子变换技术挂箱 II（DSE03）——DE10 单元。
5. 慢扫描双踪示波器、数字万用表等测试仪器。

四、实验电路的组成及实验操作

1. 实验电路的组成

实验系统以 IR 公司生产的集成 IGBT 高端驱动电路 IR2125 为核心,构成高性能 IGBT 驱动与保护电路,其内部结构与外围电路示意图见图 3 – 7。打开系统总电源,将系统工作模式设置为"高级应用"。将主电源电压选择开关置于"3"位置,即将主电源相电压设定为 220 V;将 DT03 单元的钮子开关 S_1 拨向上,用导线连接模拟给定输出端子 K 和信号地与 DE04 单元的 IGBT 的 G 极和 E 极;取主电源 DSM00 单元的一路输出 U 和输出中线 L01 连接到 DP01 单元的交流输入端子 U 和 L01,交流主电源输出端 AC_{15} 和 0 分别接至整流桥输入端 AC_1 和 AC_2,整流桥输出接滤波电容（DC +、DC – 端分别接 C_1、C_2 端）;DP01 单元直流主电源输出正端 DC + 接 DSM08 单元 R_1 的一端,R_1 的另一端接 DE04 单元 IGBT 的 C 极,IGBT 的 E 极经取样电阻接 DP01 单元直流主电源输出负端 DC –。闭合控制电路及挂箱上的电源开关,调节 DT03 单元的电位器 RP_2 使 K 点输出电压为 0 V;闭合主电路,用示波器观测 IGBT 两端电压;调节 DT03 单元的电位器 RP_2 使 K 点电压升高,监测 IGBT 的端电压情况,记录使 IGBT 由截止变为开通的门极电压值;继续检测 IGBT 端电压情况,反方向调节 RP_2,使 K 点电压降低。通过实验结果,分析 IGBT 工作特性。实验完毕,断电,拆线。

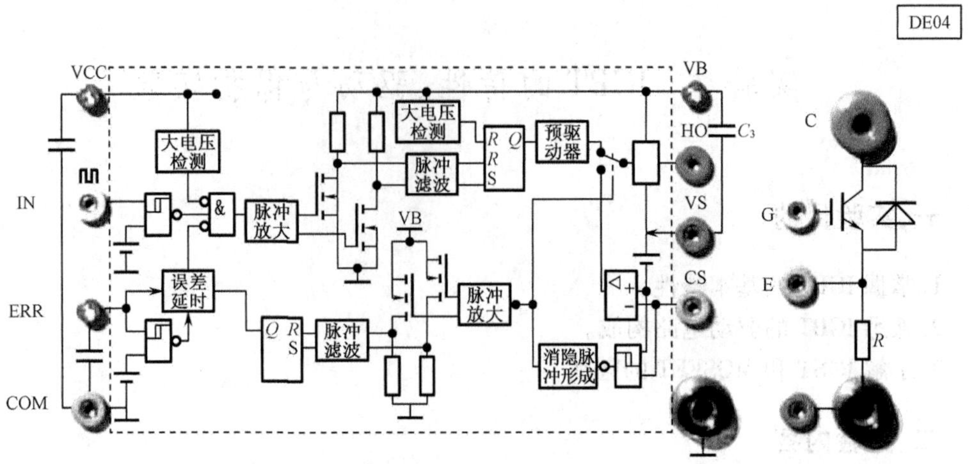

DE04

图 3 - 7　IGBT 集成驱动电路

2. 实验操作

IGBT 的驱动与保护实验:将 DT03 单元的钮子开关 S_1 拨向下,波形发生器设为 PWM 工作模式;用导线连接 DT03 单元脉冲输出 P + 和脉冲驱动输入端 IN_1,输出端子 OUT_{11} 和 OUT_{12} 与 DE10 单元的一组驱动电路 V_1 的输入端相连;驱动电路输出端 G_1 和 S_1 分别与 DE04 单元的脉冲驱动输入端 IN 和 COM 相连;驱动电路输出端 HO 和 VS 分别接 IGBT 的 G 和 E;同时将 VS 与地相连。取主电源的一路输出 U 和输出中线 L01 连接到 DP01 单元的交流输入端子 U 和 L01,交流主电源输出端 AC_{15} 和 0 分别接至整流桥输入端 AC_1 和 AC_2,整流桥输出接滤波电容(DC + 、DC - 端分别接 C_1、C_2 端);DP01 单元直流主电源输出正端 DC + 接 DSM08 单元 R_1 的一端,R_1 的另一端接 DE04 单元 IGBT 的 C 极,IGBT 的 E 极经过一个电流取样电阻接 DP01 单元直流主电源输出负端 DC - 。依次闭合控制电路、挂箱上的电源开关及主电路。用示波器观测 IGBT 两端电压波形;调节 DT03 单元控制电位器 RP_2 使控制信号占空比为 50% 附近,以便波形观察。断电,将 DE03 单元的 RC 吸收电路并接于 IGBT 两端,上电,用示波器观测 IGBT 两端电压波形;参考教材相关章节的内容,分析驱动电路的工作原理。实验完毕,依次断开主电路、挂箱电源、控制电路。

五、实验报告

1. 通过实验,掌握 IGBT 工作特性。
2. 通过波形观测,定性分析 IGBT 驱动电路的原理和作用。
3. 通过波形比较分析吸收电路的作用。
4. 分析 IGBT 与晶闸管导通关断条件的区别。

实验 8 　 单相半波可控整流电路

一、实验目的

1. 掌握单相半波可控整流电路的基本组成。
2. 熟悉单相半波可控整流电路的基本工作特性。

二、实验内容

验证单相半波可控整流电路的工作特性。

三、实验设备与仪器

1. 电力电子变换技术挂箱Ⅱa(DSE03)——DE08、DE09 单元。
2. 触发电路挂箱Ⅰ(DST01)——DT01 单元。
3. 电源及负载挂箱Ⅰ(DSP01)——DP01 单元。
4. 逆变变压器配件挂箱(DSM08)——电阻负载单元。
5. 慢扫描双踪示波器、数字万用表等测试仪器。

四、实验电路的组成及实验操作

1. 实验电路的组成

实验电路主要由触发电路、脉冲隔离、功率开关(晶闸管)、电源及负载组成。实验系统提供了单结晶体管触发电路和集成单相锯齿波移相触发电路可供选择。实验指南以前者构成实验电路。主电路开关元件只有一个单向晶闸管,在交流电源的正半周波,触发信号来临时,晶闸管满足条件开通,直到管子两端电位反向或者电路中的电流减小到晶闸管维持电流以下时管子关断。控制触发脉冲的相位,从而控制每个周期晶闸管开通的起始时刻。因为电路中只有一个开关管,所以只能完成半个周波范围内的相位控制,故此称其为半波可控整流电路。单相半波整流电路的原理见图 3 – 8。

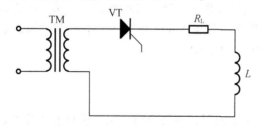

图 3 – 8 　 单相半波整流电路原理图

2. 实验操作

打开系统总电源,系统工作模式设置为“高级应用”。将主电源面板上的电压选择开关置于"3"位置,即主电源相电压输出设定为 220 V。按附图 1 完成实验接线。将 DT01 单元的控制电位器逆时针旋到头,指导教师检查无误后,可上电开始实验。依次闭合控制电路、挂箱上的电源开关、主电路;用示波器监测负载电阻两端的波形,顺时针缓慢调节 DT01 单元的控制电位器,观察并记录负载电压波形及变化情况;依次关闭系统主电路、挂箱上的电源开关、控制电路;改变电路的负载特性,在负载回路内串入大电感,重复以上操作,观察并记录相应波形;对比实验结果,参照教材相关内容,分析电路工作原理。实验完毕,依次关断系统主电路、挂箱电源开关、控制电路电源及系统总电源。拆除实验导线,并整理实验器材。

五、实验原理

在分析整流电路工作时,认为晶闸管(开关器件)为理想器件,即晶闸管导通时其管压降等于零,晶闸管阻断时其漏电流等于零,除非特意研究晶闸管的开通、关断过程,一般认为晶闸管的开通与关断过程瞬时完成。

变压器 TM 实现降低电压的作用,经降压后,变压器二次侧可以得到 30 V 左右的交流电。先讨论纯电阻负载的情形:当此交流电上正下负时,晶闸管 VT 承受正向电压,但由于尚未给其触发信号,晶闸管保持关断。所有电压均加在晶闸管上,此时输出电压 U_d(负载上电压)为 0。在交流电压过零之前,给晶闸管触发信号,使其导通,晶闸管上的电压为 0,输出电压 U_d 等于变压器二次侧电压 U_2。当交流电压过零后,成为上负下正的情形,晶闸管承受反向电压,保持关断。此时,所有电压均施加在晶闸管上,输出电压 U_d 为 0。由此我们可以看出,U_d 的平均值为正,可以视为直流电。

改变触发时刻,U_d 和 I_d 波形随之改变,直流输出电压 U_d 极性不变。随着 α 增大,U_d 减小,该电路中 VT 的 α 移相范围为 180°。通过控制触发脉冲的相位来控制直流输出电压大小的方式称为相位控制方式,简称相控方式。

现在讨论阻感负载时的情形:当此交流电上正下负时,晶闸管 VT 承受正向电压,但由于尚未给其触发信号,晶闸管保持关断。所有电压均加在晶闸管上,此时输出电压 U_d 为 0。在交流电压过零之前,给晶闸管触发信号,使其导通,晶闸管上的电压为 0,输出电压 U_d 等于变压器二次侧电压 U_2。电源一部分给电感充电,另一部分给电阻消耗。当交流电压过零后,成为上负下正的情形,晶闸管承受反向电压。但由于电感的存在,内部感应出一个与之前电流同向的感应电流,电感此时放电,构成 $L \rightarrow U_2 \rightarrow VT \rightarrow R \rightarrow L$ 的回路。所以晶闸管 VT 内部有电流流过,虽然承受反压但不关断。此时输出电压 U_d 为 U_2,由于 U_2 已进入负半周,故波形会出现负半周的部分。当电感放电完毕,VT 中没有电流流过且承受反压,则 VT 关断,所有电压均施加在 VT 上,$U_d = 0$。

六、实验报告

1.通过实验,掌握单相半波可控整流电路的工作原理和工作特性。

2.拟定数据表格,分析实验数据。

3.观察并绘制有关实验波形。

七、思考题

单相半波可控整流电路带阻感负载时为什么会出现负半周的部分?

实验 9　单相全波可控整流电路

一、实验目的

1. 掌握单相全波可控整流电路的基本组成和工作原理。
2. 熟悉单相半全波可控整流电路的基本特性。

二、实验内容

验证单相全波可控整流电路的工作特性。

三、实验设备与仪器

1. 电力电子变换技术挂箱 Ⅱ a(DSE03)——DE08、DE09 单元。
2. 触发电路挂箱 Ⅰ (DST01)——DT02 单元。
3. 电源及负载挂箱 Ⅰ (DSP01)或电力电子变换技术挂箱 Ⅱ a(DSE03)——DP01 单元。
4. 逆变变压器配件挂箱(DSM08)——电阻负载单元。
5. 慢扫描双踪示波器、数字万用表等测试仪器。

四、实验电路的组成及实验操作

1. 实验电路的组成原理

实验电路主要由触发电路、脉冲隔离、功率开关(晶闸管)、电源及负载组成。主电路原理见图 3 - 9。单相全波可控整流电路又叫单相双半波可控整流电路,它采用带中心抽头的电源变压器配合两只晶闸管实现全波可控整流电路。其输入输出特性与桥式全控整流电路类似,区别在于电源变压器的结构、晶闸管上耐压及整流电路的管压降大小。其电路自身特点决定了单相全波整流电路适合应用于低输出电压的场合。

2. 实验操作

打开系统总电源,系统工作模式设置为"高级应用"。将主电源面板上的电压选择开关置于"3"位置,即主电源相电压输出设定为 220 V。按附图 2 完成实验接线。将 DT02 单元的控制电位器逆时针旋到头,经指导教师检查无误后,可上电开始实验。依次闭合控制电路、挂箱上的电源开关、主电路;用示波器监测负载电阻两端的波形,顺时针缓慢调节 DT02 单元的控制电位器,观察并记录负载电压波形及变化情况,分析电路工作原理。实验完毕, 依次关闭系统主电路、挂箱上的电源开关、控制电路及系统总电源。

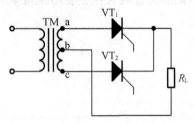

图 3 – 9　单相全波可控整流电路原理图

五、实验原理

变压器一次侧输入 220 V 交流电压,经降压后,得到二次侧约 30 V 交流电压。在 u_2 正半周,VT_1 工作,变压器二次绕组上半部分流过电流。此时由 a→VT_1→R_L→b 形成回路,此时电阻 R_L 上的电压为上正下负。在 u_2 负半周,VT_2 工作,变压器二次绕组下半部分流过反方向的电流。此时由 c→VT_2→R_L→b 形成回路,此时电阻 R_L 上的电压依然是上正下负。可知,单相全波可控整流电路的 U_d 波形与单相全控桥是一致的,交流输出端电流波形也一样,且变压器不存在直流磁化问题。

与单相半波可控整流电路类似,改变触发时刻,U_d 和 I_d 波形随之改变,直流输出电压 U_d 极性不变。随着 α 增大,U_d 减小,该电路中 VT 的 α 移相范围也为 180°。

六、实验报告

1. 通过实验,分析单相全波可控整流电路的工作原理和工作特性。
2. 拟定数据表格,分析实验数据。
3. 观察并绘制有关实验波形。

七、思考题

单相全波可控整流电路与单相半波可控整流电路的相同点与不同点分别是什么?

实验 10 单相桥式全控整流电路

一、实验目的

1. 掌握单相桥式全控整流电路的基本组成和工作原理。
2. 熟悉单相桥式全控整流电路的基本特性。

二、实验内容

验证单相桥式全控整流电路的工作特性。

三、实验设备与仪器

1. 电力电子变换技术挂箱Ⅱ(DSE03)——DE08、DE09 单元。
2. 触发电路挂箱Ⅰ(DST01)——DT02 单元。
3. 电源及负载挂箱Ⅰ(DSP01)或电力电子变换技术挂箱Ⅱa(DSE03a)——DP01 单元。
4. 逆变变压器配件挂箱(DSM08)——电阻负载单元。
5. 慢扫描双踪示波器、数字万用表等测试仪器。

四、实验电路的组成及实验操作

1. 实验电路的组成

实验电路主要由触发电路、脉冲隔离、功率开关(晶闸管)、电源及负载组成。主电路原理见图 3-10。单相全控电路的主电路是由 4 只晶闸管构成的全控桥,把不可控桥式整流电路中的 4 只不可控导通的二极管换成 4 只可控的晶闸管,就成为全控整流电路。在交流电源的每一个半波内有一对晶闸管来限定电流的通路。

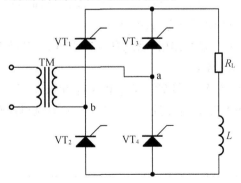

图 3-10 单相桥式全控整流电路原理图

2.实验操作

打开系统总电源,系统工作模式设置为"高级应用"。将主电源面板上的电压选择开关置于"3"位置,即主电源相电压输出设定为220 V。按附图3完成实验接线。将DT02单元的控制电位器逆时针旋到头,经指导教师检查无误后,可上电开始实验。依次闭合控制电路、挂箱上的电源开关、主电路;用示波器监测负载电阻两端的波形,顺时针缓慢调节DT02单元的控制电位器,观察并记录负载电压波形及变化情况,分析电路工作原理。实验完毕,依次关闭系统主电路、挂箱上的电源开关、控制电路及系统总电源。

五、实验原理

单相桥式全控整流电路共有4个开关器件$VT_1 \sim VT_4$,其中晶闸管VT_1和VT_4组成一对桥臂,VT_2和VT_3组成另一对桥臂。

变压器一次侧输入220 V的交流电压,经降压后,得到二次侧约30 V的交流电压。先讨论阻感负载的情形:在u_2正半周(即a点电位高于b点电位),若四个晶闸管均为施加触发信号,则四个晶闸管均不导通,可得$i_d = 0$,$u_d = 0$,VT_1、VT_4串联承受电压u_2。

在u_2正半周时,在α处给VT_1和VT_4加触发脉冲,VT_1和VT_4导通,电流从电源a端经VT_1、R、VT_4流回电源b端,此时$U_d = U_2$。当u_2过零时,流经晶闸管的电流也降到零,VT_1和VT_4关断。在u_2负半周(即b点电位高于a点电位),若四个晶闸管均为施加触发信号,则四个晶闸管均不导通,可得$i_d = 0$,$u_d = 0$,VT_2、VT_3串联承受电压u_2。在u_2负半周,仍在触发角α处触发VT_2和VT_3,VT_2和VT_3导通,电流从电源b端流出,经VT_3、R、VT_2流回电源a端,此时$u_d = -u_2$。到u_2过零时,电流又降为零,VT_2和VT_3关断。

接下来讨论阻感负载的情形:在u_2正半周期,触发角α处给晶闸管VT_1和VT_4加触发脉冲使其开通,$u_d = u_2$。由于负载电感很大,i_d不能突变且波形近似为一条水平线。当u_2过零变负时,由于电感的作用,晶闸管VT_1和VT_4中仍流过电流i_d,并不关断,此时波形出现负半周的部分。

在$\omega t = \pi + \alpha$时刻,触发VT_2和VT_3,VT_2和VT_3导通,u_2通过VT_2和VT_3分别向VT_1和VT_4施加反压使VT_1和VT_4关断,流过VT_1和VT_4的电流迅速转移到VT_2和VT_3上,此过程称为换相,亦称换流。换相完成之后,$u_d = -u_2$。

当u_2过零变正时,由于电感的作用,晶闸管VT_2和VT_3中仍流过电流i_d,并不关断,此时u_d波形出现再次负半周的部分。

在$\omega t = 2\pi + \alpha$时刻,触发VT_1和VT_4,VT_1和VT_4导通,u_2通过VT_1和VT_4分别向VT_2和VT_3施加反压使VT_2和VT_3关断,流过VT_2和VT_3的电流迅速转移到VT_1和VT_4上。换相完成之后,$u_d = u_2$。

六、实验报告

1.通过实验,分析单相全控整流电路的工作特性及工作原理。

2.分析桥式全控整流较半波可控整流电路的优缺点。

3.拟定数据表格,分析实验数据。

4.观察并绘制有关实验波形。

七、思考题

单相桥式全控整流电路带阻感负载时,为什么会出现负半周的部分?

实验 11　单相桥式半控整流电路

一、实验目的

1.掌握单相桥式半控整流电路的基本组成。
2.熟悉单相桥式半控整流电路的基本特性。

二、实验内容

验证单相桥式半控整流电路的工作特性。

三、实验设备与仪器

1.电力电子变换技术挂箱Ⅱa(DSE03)——DE08、DE09 单元。
2.触发电路挂箱Ⅰ(DST01)——DT02 单元。
3.电源及负载挂箱Ⅰ(DSP01)或电力电子变换技术挂箱Ⅱa(DSE03)——DP01 单元。
4.逆变变压器配件挂箱(DSM08)——电阻负载单元。
5.慢扫描双踪示波器、数字万用表等测试仪器。

四、实验电路的组成及实验操作

1.实验电路的组成

实验电路主要由触发电路、脉冲隔离、功率开关(晶闸管)、续流二极管、电源及负载组成。主电路原理见图 3 – 11。半控整流电路是全控整流电路的简化,单相全控整流电路采用两只晶闸管来限定一个方向的电流流通路径,实际上,对于可控整流电路来说,每个支路只要有一个晶闸管来限定电流路径就可以满足要求,于是将全控桥电路中的上半桥或者下半桥的一对管替换成二极管,就构成了单相半控整流电路。

2.实验操作

打开系统总电源,系统工作模式设置为"高级应用"。将主电源面板上的电压选择开关置于"3"位置,即主电源相电压输出设定为 220 V。按附图 4 完成实验接线。将 DT02 单元的控制电位器逆时针旋到头,经指导教师检查无误后,可上电开始实验。依次闭合控制电路、挂箱上的电源开关、主电路;用示波器监测负载电阻两端的波形,顺时针缓慢调节 DT02 单元的控制电位器,观察并记录负载电压波形及变化情况,分析电路工作原理。依次关断系统主电路、挂箱上的电源开关、控制电路电源;将负载换成电阻串联大电感,并且在负载两端反向并联续流二极管,上电,重复上述操作,观察并记录负载电压波形。实验完毕,依次关断系统主电路、挂箱电源开关、控制电路及系统总电源。

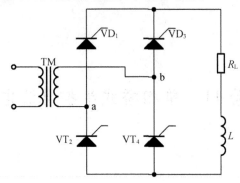

图 3-11 单相桥式半控整流电路原理图

五、实验原理

变压器一次侧输入 220 V 的交流电压,经降压后,得到二次侧约 30 V 的交流电压。先讨论阻感负载的情形:在 u_2 正半周(即 a 点电位高于 b 点电位),若两个晶闸管均未施加触发信号,则两个晶闸管均不导通,可得 $i_d = 0$, $u_d = 0$, VD_1、VT_4 串联承受电压 u_2。

在 u_2 正半周时,在 α 处给 VT_4 加触发脉冲,VT_4 即导通,电流从电源 a 端经 VD_1、R、VT_4 流回电源 b 端,此时 $u_d = u_2$。当 u_2 过零时,流经晶闸管的电流也降到零,VD1 和 VT4 关断。在 u_2 负半周(即 b 点电位高于 a 点电位),若两个晶闸管均为施加触发信号,则两个晶闸管均不导通,可得 $i_d = 0$, $u_d = 0$, VT_2、VD_3 串联承受电压 u_2。在 u_2 负半周,仍在触发角 α 处触发 VT_2,VT_2 和 VD_3 导通,电流从电源 b 端流出,经 VD_3、R、VT_2 流回电源 a 端,此时 $u_d = -u_2$。到 u_2 过零时,电流又降为零,VT_2 和 VD_3 关断。

接下来讨论阻感负载时的情形:电路分析(先不考虑 VD_R),每一个导电回路由 1 个晶闸管和 1 个二极管构成。在 u_2 正半周,α 处触发 VT_1,u_2 经 VT_1 和 VD_4 向负载供电。当 u_2 过零变负时,因电感作用使电流连续,VT_1 继续导通,但因 a 点电位低于 b 点电位,电流是由 VT_1 和 VD_2 续流,即 $u_d = 0$。

在 u_2 负半周,$\pi + \alpha$ 处触发 VT_4,向 VT_2 加反压使之关断,u_2 经 VD_3 和 VT_2 向负载供电。u_2 过零变正时,VD_1 导通,VD_3 关断。VD_1 和 VT_2 续流,u_d 又为零。

失控现象:若无续流二极管,则当 α 突然增大至 180° 或触发脉冲丢失时,会发生一个晶闸管持续导通而两个二极管轮流导通的情况,这使 u_d 成为正弦半波,即半周期 u_d 为正弦,另外半周期 u_d 为零,其平均值保持恒定,相当于单相半波不可控整流电路时的波形,称为失控。

为了解决失控问题,在阻感负载上反向并联一个电力二极管 VD_R,有续流二极管 VD_R 时,续流过程由 $L \rightarrow VD_R \rightarrow R$ 构成回路,晶闸管不再续流,即承受反压时正常关断,由此避免了失控的现象。续流期间导电回路中只有一个管压降,少了一个管压降,有利于降低损耗。

六、实验报告

1. 通过实验,分析单相半控整流电路的工作特性和工作原理。
2. 拟定数据表格,分析实验数据。
3. 观察并绘制有关实验波形。
4. 分析电感负载并联反向续流二极管的作用。

七、思考题

1. 什么是单相桥式半控整流电路的失控现象,如何避免失控现象?
2. 单相桥式全控整流电路与单相桥式半控整流电路有何异同点?

实验 12 三相半波可控整流电路

一、实验目的

1. 掌握三相半波可控整流电路的基本组成。
2. 熟悉三相半波可控整流电路的基本特性。

二、实验内容

验证三相半波可控整流电路的工作特性。

三、实验设备与仪器

1. 电力电子变换技术挂箱Ⅳ(DSE05)或可控硅主电路挂箱(DSM01)——DM01 单元。
2. 触发电路挂箱Ⅱ(DST02)——DT04 单元。
3. 主控同步变压器——DD05 单元。
4. 给定单元挂箱(DSG01)——DG01 单元。
5. 主控直流电动机单元——DD14 单元(电阻负载)。
6. 逆变变压器配件挂箱(DSM08)——电阻负载单元。
7. 慢扫描双踪示波器、数字万用表等测试仪器。

四、实验电路的组成及实验操作

1. 实验电路的组成

实验电路主要由触发电路、脉冲隔离、功率开关(晶闸管)、电源及负载组成。负载选择灯泡或者电阻要根据设备配置情况而定。三相半波可控整流电路是三相可控整流电路的一种基本形式。主电路中有三只晶闸管,分别负责限定每一相电流的流通路径。为了获得中线,要求电源变压器的副边必须采用星形接法,电路每隔120°换相一次。其电路原理如图 3 – 12 所示。

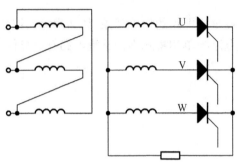

图 3 – 12   三相半波可控整流电路原理图

2. 实验操作

打开系统总电源,系统工作模式设置为"高级应用"。将主电源面板上的电压选择开关置于"1"位置,即主电源相电压输出设定为 52 V。按附图 5 完成实验接线。将 DG01 单元的正给定电位器逆时针旋到头,经指导教师检查无误后,可上电开始实验。依次闭合控制电路、挂箱上的电源开关;将 DT04 单元脉冲的初始相位整定到 $\alpha = 120°$ 位置,闭合主电路;用示波器监测负载电阻两端的波形,顺时针缓慢调节 DG01 单元的正给定电位器,观察并记录负载电压波形及变化情况,分析电路工作原理。实验完毕,依次断开系统主电路、挂箱上的电源开关、控制电路及系统总电源。

五、实验报告

根据电压挡位选择,变压器副边电压为 52 V。为得到零线,变压器二次侧必须接成星形,而一次侧接成三角形,避免 3 次谐波流入电网。三个晶闸管按共阴极接法连接,这种接法触发电路有公共端,连线方便。

假设将晶闸管换作二极管,3 个二极管对应的相电压中哪一个的值最大,则该相所对应的二极管导通,并使另两相的二极管承受反压关断,输出整流电压即为该相的相电压。

自然换相点:在相电压的交点 ωt_1、ωt_2、ωt_3 处,均出现了二极管换相,称这些交点为自然换相点。将其作为 α 的起点,即 $\alpha = 0$。

先讨论阻感负载时的情形:当 $\alpha = 0°$ 时,三个晶闸管轮流导通120°,u_d 波形为三个相电压在正半周期的包络线。晶闸管电压由一段管压降和两段线电压组成,随着 α 增大,晶闸管承受的电压中正的部分逐渐增多。当 $\alpha = 30°$ 时,负载电流处于连续和断续的临界状态,各相仍导电120°。当 $\alpha > 30°$ 时,当导通一相的相电压过零变负时,该相晶闸管关断,但下一相晶闸管因未触发而不导通,此时输出电压电流为零。此时负载电流断续,各晶闸管导通角小于120°。

接下来讨论阻感负载的情形:由于电感 L 值很大,整流电流 i_d 的波形基本是平直的,流过晶闸管的电流接近矩形波。当 $\alpha > 30°$ 时,整流电压波形与电阻负载时相同。当 $\alpha > 30°$ 时,u_2 过零时,由于电感的存在,阻止电流下降,因而 VT_1 继续导通,直到下一相晶闸管 VT_2 的触发脉冲到来,才发生换流,由 VT_2 导通向负载供电,同时向 VT_1 施加反压使其关断。

六、实验报告

1. 通过实验,掌握三相桥式半波可控整流电路的工作特性。
2. 拟定数据表格,分析实验数据。
3. 观察并绘制有关实验波形。

七、思考题

三相半波可控整流电路带阻感负载时的波形有什么特点?

实验 13　三相桥式全控整流电路

一、实验目的

1. 掌握三相桥式全控整流电路的基本组成和工作原理。
2. 熟悉三相桥式全控整流电路的基本特性。

二、实验内容

1. 验证三相桥式全控整流电路的工作特性。
2. 验证不同负载对整流输出电压波形的影响。

三、实验设备与仪器

1. 电力电子变换技术挂箱Ⅳ(DSE05)或可控硅主电路挂箱(DSM01)——DM01 单元。
2. 触发电路挂箱Ⅱ(DST02)——DT04 单元。
3. 主控同步变压器单元——DD05 单元。
4. 给定单元挂箱(DSG01)——DG01 单元。
5. 主控电机接口电路——DD11、DD14 单元(电阻和电感负载)。

6. 逆变变压器配件挂箱(DSM08)——电阻负载单元。

7. 慢扫描双踪示波器、数字万用表等测试仪器。

四、实验电路的组成及实验操作

1. 实验电路的组成

实验电路主要由触发电路、脉冲隔离、功率开关(晶闸管)、电源及负载组成。负载选择灯泡或者电阻要根据设备配置情况而定。三相全控桥主电路包含 6 只晶闸管,在工作时,同时有不处在同一相上的两只管导通,每隔 60°会有一次换相,输出电压在每个交流电源周期内会有 6 次相同的脉动,就输出电压纹波而言,较三相半波可控整流电路小一半。其电路原理如图 3 – 13 所示。

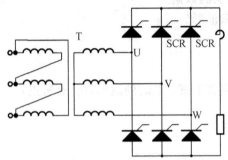

图 3 – 13　三相桥式全控整流电路原理图

2. 实验操作

打开系统总电源,系统工作模式设置为"高级应用"。将主电源面板上的电压选择开关置于"1"位置,即主电源相电压输出设定为 52 V。按附图 6 完成实验接线。将 DG01 单元的正给定电位器逆时针旋到头,经指导教师检查无误后,可上电开始实验。依次闭合控制电路、挂箱上的电源开关;将 DT04 单元脉冲的初始相位整定到 $\alpha = 120°$位置,闭合主电路;用示波器监测负载电阻两端的波形,顺时针缓慢调节 DG01 单元的正给定电位器,观察并记录负载电压波形跟随 α 的变化情况,分析电路工作原理。实验完毕,依次断开系统主电路、挂箱上的电源开关、控制电路;改变负载特性,将 DD11 单元的电感 L_1 串入负载回路,重复实验,记录负载电压波形跟随 α 的变化情况。若系统配有直流电动机,还可以将电动机作为负载,重复上述实验操作,记录相关波形。实验完毕,依次断开系统主电路、挂箱上的电源开关、控制电路及系统总电源。

五、实验原理

根据电压挡位选择,变压器副边电压为 52 V。阴极连接在一起的 3 个晶闸管(VT_1、VT_3、VT_5)称为共阴极组;阳极连接在一起的 3 个晶闸管(VT_4、VT_6、VT_2)称为共阳极组。共阴极组中与 U、V、W 三相电源相接的 3 个晶闸管分别为 VT_1、VT_3、VT_5,共阳极组中与 U、V、W 三相电源相接的 3 个晶闸管分别为 VT_4、VT_6、VT_2。晶闸管的导通顺序为 VT_1—VT_2—VT_3—VT_4—VT_5—VT_6。

先讨论电阻负载时的情形:各自然换相点既是相电压的交点,同时也是线电压的交点。

当 $\alpha \leqslant 60°$ 时，u_d 波形均连续，对于电阻负载，i_d 波形与 u_d 波形的形状是一样的，也连续。当 $\alpha = 0°$ 时，u_d 为线电压在正半周的包络线。$\alpha = 30°$ 时，晶闸管起始导通时刻推迟了 30°，组成 u_d 的每一段线电压因此推迟 30°，u_d 平均值降低。$\alpha = 60°$ 时，u_d 波形中每段线电压的波形继续向后移，u_d 平均值继续降低。u_d 出现了为零的点。当 $\alpha > 60°$ 时，因为 i_d 与 u_d 一致，一旦 u_d 降至零，i_d 也降至零，晶闸管关断，输出整流电压 u_d 为零，u_d 波形不能出现负值。

接下来分析阻感负载时的情形：当 $\alpha \leqslant 60°$ 时，u_d 波形连续，电路的工作情况与带电阻负载时十分相似，各晶闸管的通断情况、输出整流电压 u_d 波形、晶闸管承受的电压波形等都一样。区别在于电流，当电感足够大的时候，i_d、i_{VT}、i_a 的波形在导通段都可近似为一条水平线。当 $\alpha > 60°$ 时，由于电感 L 的作用，u_d 波形会出现负的部分。

三相桥式全控整流电路的特点：

(1)每个时刻均需 2 个晶闸管同时导通，形成向负载供电的回路，共阴极组的和共阳极组的各 1 个，且不能为同一相的晶闸管。

(2)对触发脉冲的要求：6 个晶闸管的脉冲按 VT_1—VT_2—VT_3—VT_4—VT_5—VT_6 的顺序，相位依次差 60°。

(3)共阴极组 VT_1、VT_3、VT_5 的脉冲依次差 120°，共阳极组 VT_4、VT_6、VT_2 也依次差 120°。

(4)同一相的上下两个桥臂，即 VT_1 与 VT_4，VT_3 与 VT_6，VT_5 与 VT_2，脉冲相差 180°。

(5)整流输出电压 u_d 一周期脉动 6 次，每次脉动的波形都一样，故该电路为 6 脉波整流电路。

(6)在整流电路合闸启动过程中或电流断续时，为确保电路的正常工作，需保证同时导通的 2 个晶闸管均有脉冲。采取方式：(a)宽脉冲触发。使脉冲宽度大于 60°(一般取 80°~100°)。(b)双脉冲触发。用两个窄脉冲代替宽脉冲，两个窄脉冲的前沿相差 60°(脉宽一般为 20°~30°)。常用的是双脉冲触发。

(7)晶闸管承受的电压波形与三相半波时相同，晶闸管承受最大正、反向电压的关系也一样。

六、实验报告

1.通过实验,分析三相桥式全控整流电路的工作特性及工作原理。

2.拟定数据表格,分析实验数据。

3.观察并绘制有关实验波形。

七、思考题

三相桥式全控整流电路中 6 个晶闸管的导通顺序是什么,为什么?

实验 14　三相桥式半控整流电路

一、实验目的

1. 掌握三相桥式半控整流电路的基本组成和工作原理。
2. 熟悉三相桥式半控整流电路的基本特性。

二、实验内容

1. 验证三相桥式半控整流电路的工作特性。
2. 验证不同负载对整流输出电压波形的影响。

三、实验设备与仪器

1. 电力电子变换技术挂箱Ⅳ（DSE05）或可控硅主电路挂箱（DSM01）——DM01 单元。
2. 触发电路挂箱Ⅱ（DST02）——DT04 单元。
3. 主控同步变压器——DD05 单元。
4. 给定单元挂箱（DSG01）——DG01 单元。
5. 主控电机接口电路——DD11、DD14 单元（电阻和电感负载）。
6. 逆变变压器配件挂箱（DSM08）——电阻负载单元。
7. IPM 主电路挂箱（DSM02）——DM02 单元。
8. 慢扫描双踪示波器、数字万用表等测试仪器。

四、实验电路的组成及实验操作

1. 实验电路的组成

实验电路主要由触发电路、脉冲隔离、功率开关（晶闸管）、续流二极管、电源及负载组成。负载选择灯泡或者电阻要根据设备配置情况而定。其电路原理如图 3 – 14 所示。

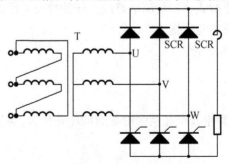

图 3 – 14　三相桥式半控整流电路原理图

2. 实验操作

打开系统总电源,系统工作模式设置为"高级应用"。将主电源面板上的电压选择开关置于"1"位置,即主电源相电压输出设定为 52 V。按附图 7 完成实验接线。将 DG01 单元的正给定电位器逆时针旋到头,经指导教师检查无误后,可上电开始实验。依次闭合控制电路、挂箱上的电源开关;将 DT04 单元脉冲的初始相位整定到 $\alpha = 150°$ 位置,闭合主电路;用示波器监测负载电阻两端的波形,顺时针缓慢调节 DG01 单元的正给定电位器,观察并记录负载电压波形跟随 α 的变化情况,分析电路工作原理。实验完毕,依次断开系统主电路、挂箱上的电源开关、控制电路;改变负载特性,将 DD11 单元的电感 L_1 串入负载回路,重复实验,记录负载电压波形跟随 α 的变化情况。实验完毕依次断开系统主电路、挂箱上的电源开关、控制电路及系统总电源。

五、实验原理

三相桥式全控整流电路中,每个导通路径中均有两个晶闸管,且要求这两个晶闸管同时导通。根据电力电子相关知识可知,只需要每个路径中有一个晶闸管,另一个可以用电力二极管代替就可以实现同样的效果。此举还可以降低因为两个晶闸管触发脉冲不完全同步所带来的误差。如图 3 - 14 所示,这便是三相桥式半控整流电路,阴极连接在一起的 3 个电力二极管(VD_1 、 VD_3 、 VD_5)称为共阴极组;阳极连接在一起的 3 个晶闸管(VT_4 、 VT_6 、 VT_2)称为共阳极组。共阴极组中与 U、V、W 三相电源相接的 3 个电力二极管分别为 VT_1 、 VT_3 、 VT_5 ,共阳极组中与 U、V、W 三相电源相接的 3 个晶闸管分别为 VT_4 、 VT_6 、 VT_2 。

三相桥式半控整流电路的原理与三相桥式全控整流电路实验原理相同,电阻负载和阻感负载时的波形也相同,详见第 3 章实验 7。

六、实验报告

1. 通过实验,分析三相桥式半控整流电路的工作特性及工作原理。
2. 拟定数据表格,分析实验数据。
3. 观察并绘制有关实验波形。

七、思考题

三相桥式半控整流电路哪些电力电子器件构成共阳极组,哪些电力电子器件构成共阴极组?

实验 15 Buck 变换电路

一、实验目的

1. 掌握 Buck 变换电路的基本组成和工作原理。
2. 熟悉 Buck 变换电路的基本特性。

二、实验内容

验证 Buck 变换电路的工作特性。

三、实验设备与仪器

1. 电力电子变换技术挂箱 II（DSE03）——DE05、DE10 单元。

2. 触发电路挂箱 I（DST01）——DT03 单元。

3. 电源及负载挂箱 I（DSP01）或电力电子变换技术挂箱 II a（DSE03a）——DP01、DP02 单元。

4. 逆变变压器配件挂箱（DSM08）——电阻负载单元。

5. 慢扫描双踪示波器、数字万用表等测试仪器。

四、实验电路的组成及实验操作

1. 实验电路的组成

实验电路主要由 PWM 波形发生器、光电隔离、功率开关器件、电源及负载组成。Buck 电路的主电路拓扑结构见图 3 – 15，它是基本斩波电路的一个典型电路，可以实现降压调节，主要用于电子电路的供电电源，也可拖动直流电动机或带蓄电池负载等。

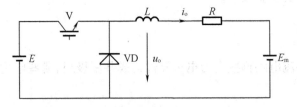

图 3 – 15 Buck 电路的主电路拓扑结构图

2. 实验操作

打开系统总电源，系统工作模式设置为"高级应用"。将主电源面板上的电压选择开关置于"3"位置，即主电源相电压输出设定为 220 V。按附图 8 完成实验接线。将 DT03 单元的模式开关 S_1 拨向下，波形发生器设定为 PWM 工作模式；调节电位器 RP_3，将三角波发生器的输出频率设为 5 kHz；模式开关 S_2 拨向上（占空比在 1% ~ 90% 内可调），将脉宽控制电位器 RP_2 逆时针调到头，此时占空比设定为最小值；经指导教师检查无误后，闭合总电源开始实验。依次闭合控制电路、挂箱上的电源开关、主电路;用示波器监测负载电阻两端的波形,顺时针缓慢调节 DT02 单元的控制电位器,观察并记录负载及各测试点电压波形及变化情况,分析电路工作原理。实验完毕,依次关闭系统主电路、挂箱上的电源开关、控制电路及系统总电源。

六、实验原理

使用一个全控型器件 V,若采用晶闸管,需设置使晶闸管关断的辅助电路。设置了续流二极管 VD,在 V 关断时给负载中电感电流提供通道。

$t=0$ 时刻驱动 V 导通,电源 E 向负载供电,构成 $E\to V\to L\to R\to E_m\to E$ 的导电回路,负载电压 $u_o=E$,由于电感的存在,负载电流 i_o 按指数曲线上升。$t=t_1$ 时控制 V 关断,二极管 VD 续流,形成 $L\to R\to E_m\to VD\to L$,此时负载电压 u_o 近似为零,负载电流呈指数曲线下降,通常串接较大电感 L 使负载电流连续且脉动小。

由以上分析可知,电流连续时,负载电压的平均值为

$$U_o = \frac{t_{on}}{t_{on}+t_{off}}E = \frac{t_{on}}{T}E = \alpha E$$

式中　t_{on}——V 处于通态的时间;

t_{off}——V 处于断态的时间;

T——开关周期;

α——导通占空比,简称占空比或导通比。

六、实验报告

1. 通过实验,分析 Buck 电路的工作特性及工作原理。
2. 观察并绘制有关实验波形。

七、思考题

Buck 斩波电路的输出电压平均值 U_o 是怎么得到的?

实验 16　Boost 变换电路

一、实验目的

1. 掌握 Boost 变换电路的基本组成和工作原理。
2. 熟悉 Boost 变换电路的基本特性。

二、实验内容

验证 Boost 变换电路的工作特性。

三、实验设备与仪器

1. 电力电子变换技术挂箱Ⅱ（DSE03）——DE05、DE10 单元。

2. 触发电路挂箱Ⅰ（DST01）——DT03 单元。

3. 电源及负载挂箱Ⅰ（DSP01）或电力电子变换技术挂箱Ⅱa（DSE03a）——DP01、DP02 单元。

4. 逆变变压器配件挂箱（DSM08）——电阻负载单元。

5. 慢扫描双踪示波器、数字万用表等测试仪器。

四、实验电路的组成及实验操作

1. 实验电路的组成

实验电路主要由 PWM 波形发生器、光电隔离、功率开关器件、电源及负载组成。Boost 电路的主电路拓扑结构见图 3 - 16，它是基本斩波电路的一个典型电路，可以实现升压，主要用于有源功率因数校正中。

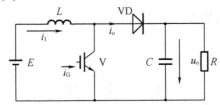

图 3 - 16　Boost 电路的主电路拓扑结构图

2. 实验操作

打开系统总电源，系统工作模式设置为"高级应用"。将主电源面板上的电压选择开关置于"3"位置，即主电源相电压输出设定为 220 V。按附图 9 完成实验接线。将 DT03 单元的模式开关 S_1 拨向下，波形发生器设定为 PWM 工作模式；调节电位器 RP_3，将三角波发生器的输出频率设为 5 kHz；模式开关 S_2 拨向下（占空比在 1% ~45% 内可调），将脉宽控制电位器 RP_2 逆时针调到头，此时占空比设定为最小值；经指导教师检查无误后，闭合总电源开始实验。依次闭合控制电路、挂箱上的电源开关、主电路；用示波器监测负载电阻两端的波形，顺时针缓慢调节 DT02 单元的控制电位器，观察并记录负载及各测试点电压波形及变化情况，分析电路工作原理。实验完毕，依次关闭系统主电路、挂箱上的电源开关、控制电路及系统总电源。

五、实验原理

假设 L 和 C 值很大。V 处于通态时，电源 E 向电感 L 充电，导电回路为 $E \rightarrow L \rightarrow V \rightarrow E$。电流恒定为 I_1，电容 C 向负载 R 供电，输出电压 U_o 恒定。当 V 处于断态时，电源 E 和电感

L 同时向电容 C 充电,并向负载提供能量,导电回路为 $E{\to}L{\to}VD{\to}R{\to}E$ 和 $E{\to}L{\to}VD{\to}C{\to}E$。由于此时电感 L 和电动势 E 同时向负载供电,对电压有泵升作用,故称为升压斩波电路。

当电路工作于稳态时,一个周期 T 中电感 L 积蓄的能量与释放的能量相等,可得到

$$U_o = \frac{t_{on} + t_{off}}{t_{off}}E = \frac{T}{t_{off}}E$$

六、实验报告

1. 通过实验,分析 Boost 电路的工作特性及工作原理。
2. 观察并绘制有关实验波形。

七、思考题

Boost 斩波电路的输出电压平均值 U_o 是怎么得到的?

实验 17　Buck – Boost 变换电路

一、实验目的

1. 掌握 Buck – Boost 变换电路的基本组成和工作原理。
2. 熟悉 Buck – Boost 变换电路的基本特性。

二、实验内容

验证 Buck – Boost 变换电路的工作特性。

三、实验设备与仪器

1. 电力电子变换技术挂箱 Ⅱa(DSE03)——DE05、DE10 单元。
2. 触发电路挂箱 Ⅰ(DST01)——DT03 单元。
3. 电源及负载挂箱 Ⅰ(DSP01)或电力电子变换技术挂箱 Ⅱa(DSE03a)——DP01、DP02 单元。
4. 逆变变压器配件挂箱(DSM08)——电阻负载单元。
5. 慢扫描双踪示波器、数字万用表等测试仪器。

四、实验电路的组成及实验操作

1. 实验电路的组成

实验电路主要由 PWM 波形发生器、光电隔离、功率开关、电源及负载组成。Buck - Boost 电路的主电路拓扑结构见图 3 - 17，它是基本斩波电路的一个典型电路，可以实现升、降压斩波控制。因为电路中电感 L 和电容 C 的值都很大，所以电感中的电流和电容两端的电压在一个开关周期内可以近似认为恒定。

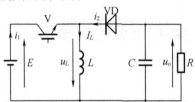

图 3 - 17　Buck - Boost 电路拓扑结构图

2. 实验操作

打开系统总电源，系统工作模式设置为"高级应用"。将主电源面板上的电压选择开关置于"3"位置，即主电源相电压输出设定为 220 V。按附图 10 完成实验接线。将 DT03 单元的模式开关 S_1 拨向下，波形发生器设定为 PWM 工作模式；调节电位器 RP_3，将三角波发生器的输出频率设为 5 kHz；模式开关 S_2 拨向上（占空比在 1% ~ 90% 内可调），将脉宽控制电位器 RP_2 逆时针调到头，此时占空比设定为最小值；经指导教师检查无误后，可上电开始实验。依次闭合控制电路、挂箱上的电源开关、主电路；用示波器监测负载电阻两端的波形，顺时针缓慢调节 DT02 单元的控制电位器，观察并记录负载及各测试点电压波形及变化情况，分析电路工作原理。实验完毕，依次关闭系统主电路、挂箱上的电源开关、控制电路及系统总电源。

五、实验原理

V 导通时，电源 E 经 V 向 L 供电使其储能，导电回路为 $E{\rightarrow}V{\rightarrow}L$。此时电流为 i_1，同时 C 维持输出电压恒定并向负载 R 供电；V 关断时，L 的能量向负载释放，导电回路为 $L{\rightarrow}C{\rightarrow}VD{\rightarrow}L$ 和 $L{\rightarrow}R{\rightarrow}VD{\rightarrow}L$，电流为 i_2，负载电压极性为上负下正，与电源电压极性相反，该电路也称作反极性斩波电路。

稳态时，一个周期 T 内电感 L 两端电压 u_L 对时间的积分为零，即 $\int_0^T u_L \mathrm{d}t = 0$。

当 V 处于通态期间，$u_L = E$；而当 V 处于断态期间，$u_L = -u_o$。于是可得 $U_o = \dfrac{t_{on}}{t_{off}}E$。

当 $t_{on} > t_{off}$ 时，此电路为升压斩波电路，当 $t_{on} < t_{off}$ 时，此电路为降压斩波电路，故此电路称为升降压斩波电路。

六、实验报告

1. 通过实验，分析 Buck - Boost 电路的工作特性及工作原理。

2. 观察并绘制有关实验波形。

七、思考题

Buck – Boost 斩波电路的输出电压平均值 U_o 怎么计算?

实验 18　Cuk 变换电路

一、实验目的

1. 掌握 Cuk 变换电路的基本组成和工作原理。
2. 熟悉 Cuk 变换电路的基本特性。

二、实验内容

验证 Cuk 变换电路的工作特性。

三、实验设备与仪器

1. 电力电子变换技术挂箱Ⅱa(DSE03)——DE05、DE10 单元。
2. 触发电路挂箱Ⅰ(DST01)——DT03 单元。
3. 电源及负载挂箱Ⅰ(DSP01)或电力电子变换技术挂箱Ⅱa(DSE03a)——DP01、DP02 单元。
4. 逆变变压器配件挂箱(DSM08)——电阻负载单元。
5. 慢扫描双踪示波器、数字万用表等测试仪器。

四、实验电路的组成及实验操作

1. 实验电路的组成

实验电路主要由 PWM 波形发生器、光电隔离、功率开关、电源及负载组成。Cuk 电路的主电路拓扑结构见图 3 – 18。由图可见,Cuk 型电路可以看成是由升压型电路和降压型电路前后级联而成的。

2. 实验操作

打开系统总电源,系统工作模式设置为"高级应用"。将主电源面板上的电压选择开关置于"3"位置,即主电源相电压输出设定为 220 V。按附图 11 完成实验接线。将 DT03 单元的模式开关 S_1 拨向下,波形发生器设定为 PWM 工作模式;调节电位器 RP_3,将三角波发生器的输出频率设为 5 kHz;模式开关 S_2 拨向下(占空比在 1% ~45% 内可调),将脉宽控制电位器 RP_2 逆时针调到头,此时占空比设定为最小值;经指导教师检查无误后,可上电开始实验。依次闭合控制电路、挂箱上的电源开关、主电路;用示波器监测负载电阻两端的波形,顺时针缓慢调节 DT02 单元的控制电位器,观察并记录负载及各测试点电压波形及变化情况,分析电路工作原理。实验完毕,依次关闭系统主电路、挂箱上的电源开关、控制电路以及系统总电源。

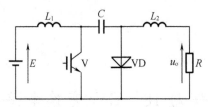

图 3 - 18　Cuk 电路拓扑结构图

五、实验原理

假设 L_1、C、L_2 均很大,且电路已工作与稳定状态。当 V 导通时,构成回路 $E\to L_1\to V\to E$ 和回路 $L_2\to C\to V\to R\to L_2$。此时,$L_1$ 充电,C 放电,L_2 充电。

当 V 关断时,构成回路 $L_2\to VD\to R\to L_2$ 和回路 $E\to L_1\to C\to VD\to E$。此时,L_1 放电,C 充电,L_2 放电。

C 的电流在一周期内的平均值应为零,即 $\int_0^T i_C dt = 0$,从而可得 $I_2 t_{on} = I_2 t_{off}$,由 L_1 和 L_2 的电压平均值为零,可得出输出电压 U_o 与电源电压 E 的关系:$U_o = \dfrac{t_{on}}{t_{off}} E$。

可见,当 $t_{on} > t_{off}$ 时,此电路为升压斩波电路,当 $t_{on} < t_{off}$ 时,此电路为降压斩波电路,故 Cuk 电路也为升降压斩波电路。此外,负载电压极性为上负下正,与电源电压极性相反,该电路也是反极性斩波电路。

与升降压斩波电路相比,Cuk 斩波电路有一个明显的优点,其输入电源电流和输出负载电流都是连续的,且脉动很小,有利于对输入、输出进行滤波。

六、实验报告

1. 通过实验,分析 Cuk 电路的工作特性及工作原理。
2. 观察并绘制有关实验波形。

七、思考题

Cuk 斩波电路的输出电压 U_o 和电源电压 E 的关系是如何得到的?

实验 19 Zeta 变换电路

一、实验目的

1. 掌握 Zeta 变换电路的基本组成和工作原理。
2. 熟悉 Zeta 变换电路的基本特性。

二、实验内容

验证 Zeta 变换电路的工作特性。

三、实验设备与仪器

1. 电力电子变换技术挂箱Ⅱa（DSE03）——DE05、DE10 单元。
2. 触发电路挂箱Ⅰ（DST01）——DT03 单元。
3. 电源及负载挂箱Ⅰ（DSP01）或电力电子变换技术挂箱Ⅱa（DSE03a）——DP01、DP02 单元。
4. 逆变变压器配件挂箱（DSM08）——电阻负载单元。
5. 慢扫描双踪示波器、数字万用表等测试仪器。

四、实验电路的组成及实验操作

1. 实验电路的组成

实验电路主要由 PWM 波形发生器、光电隔离、功率开关、电源及负载组成。Zeta 电路的主电路拓扑结构见图 3–19，由图可见，Zeta 型电路可以看成是由升压型电路和降压型电路前后级联而成的。

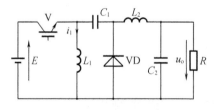

图 3–19 Zeta 电路拓扑结构图

2. 实验操作

打开系统总电源，系统工作模式设置为"高级应用"。将主电源面板上的电压选择开关置于"3"位置，即主电源相电压输出设定为 220 V。按附图 12 完成实验接线。将 DT03 单元的模式开关 S_1 拨向下，波形发生器设定为 PWM 工作模式；调节电位器 RP_3，将三角波发生器的输出频率设为 5 kHz；模式开关 S2 拨向下（占空比在 1% ~45% 内可调），将脉宽控制电位器 RP_2 逆时针调到头，此时占空比设定为最小值；经指导教师检查无误后，可上电开始实验。依次闭合控制电路、挂箱上的电源开关、主电路;用示波器监测负载电阻两端的波形,顺时针缓慢调节 DT02 单元的控制电位器,观察并记录负载及各测试点电压波形及变化情况,分析电路工作原理。实验完毕,依次关闭系统主电路、挂箱上的电源开关、控制电路及系统总电源。

五、实验原理

V 导通时,电源 E 经开关 V 向电感 L_1 储能。同时,E 和 C_1 经 L_2 共同向负载供电,构成两条回路:(1)$E \to V \to L_1 \to E$ 和(2)$E \to V \to C_1 \to L_2 \to$ 负载 $\to E$。此时,L_1 充电,L_2 充电,C_1 放电,C_2 放电。当 V 关断时,L_1 经 VD 向 C_1 充电,其存储的能量转移至 C_1。同时,L_2 的电流经 VD 续流。此过程也构成两条导电路径:(1)$C_1 \to L_1 \to VD \to C_1$ 和(2)$L_2 \to$ 负载 $\to VD \to L_2$。此时,L_1 放电,L_2 放电,C_1 充电,C_2 充电。

Zeta 斩波电路的输入输出关系为 $U_\circ = \dfrac{t_{\text{on}}}{t_{\text{off}}} E$。

六、实验报告

1. 通过实验,分析 Zeta 电路的工作特性及工作原理。
2. 观察并绘制有关实验波形。

七、思考题

Zeta 斩波电路的输入输出关系是什么,是如何得到的?

实验 20   Sepic 变换电路

一、实验目的

1. 掌握 Sepic 变换电路的基本组成和工作原理。
2. 熟悉 Sepic 变换电路的基本特性。

二、实验内容

验证 Sepic 变换电路的工作特性。

三、实验设备与仪器

1. 电力电子变换技术挂箱 Ⅱa(DSE03)——DE05、DE10 单元。

2. 触发电路挂箱 I（DST01）——DT03 单元。

3. 电源及负载挂箱 I（DSP01）或电力电子变换技术挂箱 Ⅱa（DSE03a）——DP01、DP02 单元。

4. 逆变变压器配件挂箱（DSM08）——电阻负载单元。

5. 慢扫描双踪示波器、数字万用表等测试仪器。

四、实验电路的组成及实验操作

1. 实验电路的组成

实验电路主要由 PWM 波形发生器、光电隔离、功率开关、电源及负载组成。Sepic 电路的主电路拓扑结构见图 3 – 20，由图可见，Sepic 型电路可以看成是由升压型电路和降压型电路前后级联而成的。

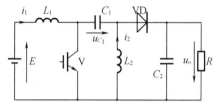

图 3 – 20　Sepic 电路拓扑结构图

2. 实验操作

打开系统总电源，系统工作模式设置为"高级应用"。将主电源面板上的电压选择开关置于"3"位置，即主电源相电压输出设定为 220 V。按附图 13 完成实验接线。将 DT03 单元的模式开关 S_1 拨向下，波形发生器设定为 PWM 工作模式；调节电位器 RP_3，将三角波发生器的输出频率设为 5 kHz；模式开关 S2 拨向下（占空比在 1% ~45% 内可调），将脉宽控制电位器 RP_2 逆时针调到头，此时占空比设定为最小值；经指导教师检查无误后，可上电开始实验。依次闭合控制电路、挂箱上的电源开关、主电路；用示波器监测负载电阻两端的波形，顺时针缓慢调节 DT02 单元的控制电位器，观察并记录负载及各测试点电压波形及变化情况，分析电路工作原理。实验完毕，依次关闭系统主电路、挂箱上的电源开关、控制电路以及系统总电源。

五、实验原理

V 导通时，$E \rightarrow L \rightarrow V \rightarrow E$ 和 $C_1 \rightarrow V \rightarrow L_2 \rightarrow C_1$ 两条回路同时导电，此时，L_1 充电，L_2 充电，C_1 放电，C_2 放电。

V 关断时，$E \rightarrow L_1 \rightarrow C_1 \rightarrow VD \rightarrow$ 负载（C_2 和 R）$\rightarrow E$ 和 $L_2 \rightarrow VD \rightarrow$ 负载 $\rightarrow L_2$ 两条回路同时导电，此阶段 E 和 L_1 既向负载供电，同时也向 C_1 充电（C_1 储存的能量在 V 处于通态时向 L_2 转移），所以 L_1 放电，L_2 放电，C_1 充电，C_2 充电。

Sepic 斩波电路的输入输出关系为 $U_o = \dfrac{t_{on}}{t_{off}} E$。

Zeta 和 Sepic 两种电路具有相同的输入输出关系，Sepic 电路中，电源电流连续但负载电流断续，有利于输入滤波，反之，Zeta 电路的电源电流断续而负载电流连续；此外，两种电路输出电压为正极性的。

六、实验报告

1. 通过实验,分析 Sepic 电路的工作特性及工作原理。
2. 观察并绘制有关实验波形。

七、思考题

Sepic 斩波电路的输入输出关系是什么,是如何得到的?

实验 21   隔离 DC – DC 变换电路

一、实验目的

1. 掌握正激与反激隔离 DC – DC 变换电路的基本组成和工作原理。
2. 熟悉两种隔离 DC – DC 变换电路的基本特性。

二、实验内容

1. 验证正激型隔离 DC – DC 变换电路的工作特性。
2. 验证反激型隔离 DC – DC 变换电路的工作特性。

三、实验设备与仪器

1. 电力电子变换技术挂箱 II(DSE03)——DE07、DE10 单元。
2. 触发电路挂箱 I(DST01)——DT03 单元。
3. 电源及负载挂箱 I(DSP01)——DP01 单元。
4. 逆变变压器配件挂箱(DSM08)——电阻负载单元。
5. 慢扫描双踪示波器、数字万用表等测试仪器。

四、实验电路的组成及实验操作

1. 实验电路的组成

实验电路主要由 PWM 波形发生器、光电隔离、隔离型 DC – DC 变换器电路、电源及负载组成。正激型电路与反激型电路都用到 DE07 单元(见图 3 – 21),只是接线有所不同,接线图如附图 14A、附图 14B。正激型电路有单开关型和双开关型电路。本实验中用到的是单开关正激型电路,正激型电路的电压比关系和降压型电路非常相似,差别在于变压器的电压比,因此正激型电路的电压比可以看成是将输入电压 U_i 按电压比折算到变压器二次侧后根据降压型电路得到的。正激型电路简单可靠,广泛用于功率为数百瓦至数千瓦的开关电源中;反激型电路同样也以看成是将升降压型电路中的电感换成变压器绕组 T_1 和 T_2 相互耦合的电感而得到的。因此反激型电路中的变压器在工作中总是经历着储能 – 放电的过程,这一点与正激型电路有所不同,实验时注意观察。两种电路的工作原理介绍详见本挂箱使用说明。

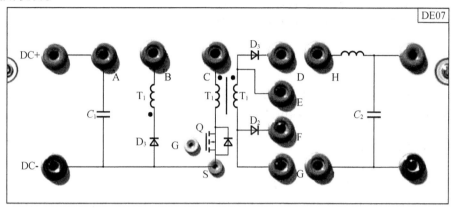

图 3 – 21　隔离 DC – DC 变换电路

2. 实验操作

打开系统总电源,系统工作模式设置为"高级应用"。将主电源面板上的电压选择开关置于"3"位置,即主电源相电压输出设定为 220 V。按附图 14A 完成实验接线,进行正激型电路实验。将 DT03 单元的模式开关 S_1 拨向下,波形发生器设定为 PWM 工作模式;调节电位器 RP_3,将三角波发生器的输出频率为 30 kHz 左右;模式开关 S_2 拨向下(占空比在 1% ~ 45% 内可调),将脉宽控制电位器 RP_2 逆时针调到头,此时占空比设定为最小值;经指导教师检查无误后,可上电开始实验。依次闭合控制电路、挂箱上的电源开关、主电路;参考本挂箱使用说明,利用各种实验手段,观测电路各测试点的波形并记录。完成实验,依次断开主电路、控制电路、总电源开关。

重复以上步骤,按附图 14B 完成反激型实验。

五、实验报告

1. 通过实验,分析正激型电路的工作特性及工作原理。
2. 通过实验,分析反激型电路的工作特性及工作原理。

六、思考题

正激型和反激型隔离 DC – DC 变换电路输入输出之间的关系分别是什么?

实验 22 全桥 DC - DC 变换电路

一、实验目的

1. 掌握单全桥 DC - DC 变换电的基本组成和工作原理。
2. 熟悉单相全桥 DC - DC 变换电的基本特性。

二、实验内容

1. 验证单相全桥 DC - DC 变换电路工作特性。
2. 观测单相全桥 DC - DC 变换电路工作波形。

三、实验设备与仪器

1. 触发电路挂箱 Ⅰ(DST01)——DT03 单元。
2. 电源及负载挂箱 Ⅰ(DSP01)或电力电子变换技术挂箱 Ⅱa(DSE03a)——DP01、DP02 单元。
3. 电力电子变换技术挂箱 Ⅱ(DSE03)——DE10、DE11 单元。
4. 逆变变压器配件挂箱(DSM08)——电阻负载单元。
5. 慢扫描双踪示波器、数字万用表等测试仪器。

四、实验电路的组成及实验操作

1. 实验电路的组成

实验电路主要由单相 PWM 波形发生器、光电隔离驱动、功率开关(MOSFET)组成的单相全桥电路(见图 3 - 22)、直流电源及负载组成。

2. 实验操作

打开系统总电源,系统工作模式设置为"高级应用"。将主电源面板上的电压选择开关置于"3"位置,即主电源相电压输出设定为 220 V。按附图 15 完成实验接线。将 DT03 单元的模式开关 S_1 拨向下,波形发生器设置为 PWM 工作模式;调节电位器 RP_3,将三角波发生器的输出频率设为 5 kHz;模式开关 S_2 拨向上(占空比在 1% ~90% 内可调),并将正弦波给定电位器 RP_2 逆时针调到头,经指导教师检查无误后,上电开始实验。依次闭合控制电路、挂箱上的电源开关,最后闭合主电路;用示波器监测负载电阻两端的波形,顺时针缓慢调节 RP_2,观察并记录负载电压波形的变化情况,分析电路工作原理。实验完毕依次断开系统主电路、挂箱上的电源开关、控制电路及系统总电源。

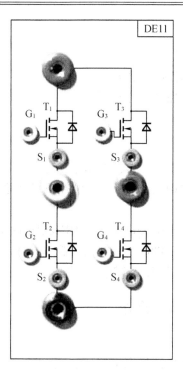

图 3 – 22   单相全桥电路

五、实验报告

1. 通过实验,掌握单相 PWM 逆变电路的工作特性。
2. 观察并绘制有关实验波形。

六、思考题

全桥 DC – DC 变换电路的输入输出之间的关系是什么?

实验 23   单相 SPWM 电压型逆变电路

一、实验目的

1. 掌握单相 SPWM 逆变电路的基本组成。
2. 熟悉单相 SPWM 逆变电路的基本特性。

二、实验内容

1. 验证单相 SPWM 逆变电路的工作特性。
2. 观测单相 SPWM 逆变电路的工作波形。

三、实验设备与仪器

1. 触发电路挂箱 Ⅰ（DST01）——DT03 单元。
2. 电源及负载挂箱 Ⅰ（DSP01）或电力电子变换技术挂箱 Ⅱa（DSE03a）——DP01、DP02 单元。
3. 电力电子变换技术挂箱 Ⅱa（DSE03）——DE10、DE11 单元。
4. 逆变变压器配件挂箱（DSM08）——电阻负载单元。
5. 慢扫描双踪示波器、数字万用表等测试仪器。

四、实验电路的组成及实验操作

1. 实验电路的组成

实验电路主要由单相 SPWM 波形发生器、光电隔离驱动、功率开关（MOSFET）组成的单相全桥逆变电路（见图 3 - 23）、直流电源及负载组成。

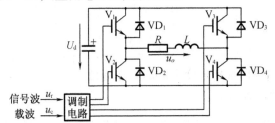

图 3 - 23　单相 SPWM 电压型全桥逆变电路

2. 实验操作

打开系统总电源，系统工作模式设置为"高级应用"。将主电源面板上的电压选择开关置于"3"位置，即主电源相电压输出设定为 220 V。按附图 16 完成实验接线。将 DT03 单元的钮子开关 S_1 拨向上，波形发生器设置为 SPWM 工作模式；调节电位器 RP_3，将三角波发生器的输出频率设为 1 kHz；并将正弦波给定电位器 RP_1 顺时针旋到头（正弦波频率为 0），经指导教师检查无误后，可上电开始实验。依次闭合控制电路、挂箱上的电源开关，最后闭合主电路；用示波器监测负载电阻两端的波形，逆时针缓慢调节 RP_1，观察并记录负载电压波形的变化情况，分析电路工作原理。实验完毕依次断开系统主电路、挂箱上的电源开关、控制电路及系统总电源。

五、实验原理

工作时 V_1 和 V_2 通断互补，V_3 和 V_4 通断也互补，比如在 u_o 正半周，V_1 导通，V_2 关断，V_3 和 V_4 交替通断。

1. 单极性 PWM 控制方式

调制信号 u_r 为正弦波,载波 u_c 在 u_r 的正半周为正极性的三角波,在 u_r 的负半周为负极性的三角波。

(1)在 u_r 的正半周,V_1 保持通态,V_2 保持断态。当 $u_r > u_c$ 时使 V_4 导通,V_3 关断,$u_o = u_d$。

当 $u_r < u_c$ 时使 V_4 关断,V_3 导通,$u_o = 0$。

(2)在 u_r 的负半周,V_1 保持断态,V_2 保持通态。当 $u_r < u_c$ 时使 V_3 导通,V_4 关断,$u_o = -u_d$。

当 $u_r > u_c$ 时使 V_3 关断,V_4 导通,$u_o = 0$。

由此可见,单极性 PWM 控制方式的输出电压 u_o 有 u_d、0、$-u_d$ 三种不同电平。

2. 双极性 PWM 控制方式

在调制信号 u_r 和载波信号 u_c 的交点时刻控制各开关器件的通断。在 u_r 的半个周期内,三角波载波有正有负,所得的 PWM 波也是有正有负,在 u_r 的一个周期内,输出的 PWM 波只有 $\pm u_d$ 两种电平。

在 u_r 的正、负半周,对各开关器件的控制规律相同。

当 $u_r > u_c$ 时,V_1 和 V_4 导通,V_2 和 V_3 关断,这时如果 $i_o > 0$,则 V1 和 V4 通,如果 $i_o < 0$,则 VD_1 和 VD_4 通,不管哪种情况都是 $u_o = u_d$。当 $u_r < u_c$ 时,V_2 和 V_3 导通,V_1 和 V_4 关断,这时如 $i_o < 0$,则 V_2 和 V_3 通,如 $i_o > 0$,则 VD_2 和 VD_3 通,不管哪种情况都是 $u_o = -u_d$。

由此可见,双极性 PWM 控制方式的输出电压 u_o 仅有 u_d、$-u_d$ 两种不同电平。

本实验为单极性 PWM 控制方式,即载波 u_c 在 u_r 的正半周为正极性的三角波,在 u_r 的负半周为负极性的三角波。

六、实验报告

1. 通过实验,掌握单相 SPWM 逆变电路的工作特性。

2. 观察并绘制有关实验波形。

七、思考题

单相 SPWM 电压型逆变电路中的载波 u_c 和信号波 u_r 的作用是什么?

实验 24 单相交流调压电路

一、实验目的

1. 掌握单相交流调压电路的基本原理和组成。
2. 熟悉单相交流调压电路的基本特性。

二、实验内容

1. 验证单相交流调压电路的工作特性。
2. 观测单相交流调压电路的工作波形。

三、实验设备与仪器

1. 电力电子变换技术挂箱Ⅱa(DSE03)——DE08、DE09 单元。
2. 触发电路挂箱Ⅰ(DST01)——DT02 单元。
3. 电源及负载挂箱Ⅰ(DSP01)或电力电子变换技术挂箱Ⅱa(DSE03a)——DP01、DP02 单元。
4. 逆变变压器配件挂箱(DSM08)——电阻负载单元。
5. 慢扫描双踪示波器、数字万用表等测试仪器。

四、实验电路的组成及实验操作

1. 实验电路的组成

实验电路主要由双向晶闸管(以两个反并联单向晶闸管替代)、交流电源、单相锯齿波移相触发器、脉冲隔离及负载组成。如图 3 - 24 所示,在电源的正半周期,触发信号到来时,正方向的晶闸管具备条件开通,在电源过零点时自然关断;进入电源的负半个周期,当触发脉冲到来时,反方向的晶闸管具备条件而开通,在电源再次过零时自然关断。如此,只要控制晶闸管的导通时间,就能够控制正负半周的导通时间,从而达到调压的目的。

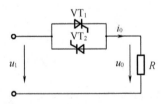

图 3 - 24 单相交流调压电路

2. 实验操作

打开系统总电源,系统工作模式设置为"高级应用"。将主电源面板上的电压选择开关置于"3"位置,即主电源相电压输出设定为 220 V。按附图 17 完成实验接线。将 DT02 单元的移相控制电位器 RP_1 逆时针旋到头;经指导教师检查无误后,可上电开始实验。依次闭合控制电路、挂箱上的电源开关,最后闭合主电路;用示波器监测负载电阻两端的波形,顺时针缓慢调节 RP_1,观察并记录负载电压波形的变化情况,分析电路工作原理。将电阻后串入一个电感重复以上步骤,分析在感性负载下电路的工作情况。实验完毕依次断开系统主电路、挂箱上的电源开关、控制电路及系统总电源。

五、实验原理

如图 3 - 24 所示,晶闸管 VT_1 与 VT_2 反向并联在一起,也可以用一个双向晶闸管代替,VT_1 和 VT_2 的触发脉冲为同一脉冲。

在交流电压的正半周,u_1 上正下负,当 VT_1 和 VT_2 没有触发时,VT_1 承受正向电压,VT_2 承受反向电压,均不导通。此时 $u_0 = 0$,$i_0 = 0$。在 α 时刻产生触发脉冲,晶闸管 VT_1 顺势导通,VT_2 承受反向电压不能导通。形成了路径:$u_1 \rightarrow VT_1 \rightarrow R \rightarrow u_1$,此时 $u_o = u_1$,$i_0 = u_0/R$。

在交流电压的负半周,u_1 上负下正,当 VT_1 和 VT_2 没有触发时,VT_2 承受正向电压,VT_1 承受反向电压,均不导通。此时 $u_0 = 0$,$i_0 = 0$。在 $\pi + \alpha$ 时刻产生触发脉冲,晶闸管 VT_2 顺势导通,VT_1 承受反向电压不能导通。形成了路径:$u_1 \rightarrow R \rightarrow VT_2 \rightarrow u_1$,此时 $u_0 = u_1$,$i_0 = u_0/R$。

调节 α 角的相位就可以调节输出电压 u_0 的大小,α 的移相范围是 $0 \sim \pi$。

六、实验报告

1. 通过实验,分析单相交流调压电路的工作原理和工作特性。
2. 分析不同负载性质对电路的输出波形的影响。

七、思考题

单相交流调压电路主要应用于什么场合?

实验 25　单相斩控式交流调压电路

一、实验目的

1. 掌握由自关断器件实现交流调压电路的基本方法。
2. 熟悉斩波控制式交流调压电路的基本组成和特性。

二、实验内容

1. 验证斩控式交流调压电路的工作特性。
2. 观测电路的工作波形。

三、实验设备与仪器

1. 触发电路挂箱Ⅰ(DST01)——DT03 单元。
2. 电源及负载挂箱Ⅰ(DSP01)或电力电子变换技术挂箱Ⅱa(DSE03a)——DP01、DP02 单元。
3. 电力电子变换技术挂箱Ⅱ(DSE03)——DE10、DE11 单元。
4. 逆变变压器配件挂箱(DSM08)——电阻负载单元。
5. 慢扫描双踪示波器、数字万用表等测试仪器。

四、实验电路的组成及实验操作

1. 实验电路的组成

实验电路主要由自关断器件组成的调压主电路、单相交流电源、PWM 波形发生器、光电隔离驱动及负载组成。主电路原理见图 3 – 25。V_1、V_2 管以相同相位脉冲驱动,V_3、V_4 管也以相同相位脉冲进行驱动,其驱动脉冲相位与 V_1、V_2 管的互补。

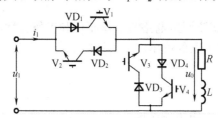

图 3 – 25　斩控式交流调压电路

2. 实验操作

打开系统总电源,系统工作模式设置为"高级应用"。将主电源面板上的电压选择开关置于"3"位置,即主电源相电压输出设定为 220 V。按附图 18 完成实验接线。将 DT03 单元的钮子开关 S_1 拨向下方;调节电位器 RP_3,将三角波发生器的输出频率设为 5 kHz;模式开关 S_2 拨向上(占空比在 1% ~90% 内可调),给定电位器 RP_2 逆时针旋到头,此时占空比设定为最小值。经指导教师检查无误后,可上电开始实验。依次闭合控制电路、挂箱上的电源开关;之后闭合主电路;用示波器分别监测每相负载两端的波形,顺时针缓慢调节给定电位器 RP_2,观察并记录负载电压波形的变化情况,分析电路工作原理。实验完毕依次断开系统主电路、挂箱上的电源开关、控制电路及系统总电源。

五、实验原理

如图 3 – 9 所示,从电路输入端输入 220 V 交流电源。V_1、V_2 管以相同相位脉冲驱动,

V_3、V_4 管也以相同相位脉冲进行驱动,其驱动脉冲相位与 V_1、V_2 管的互补。

在交流电源的正半周期间,V_1、V_2 得到有效触发时,V_2 由于承受反向电压不能导通,V_1 承受正压顺势导通。故形成 $u_1 \to VD_1 \to V_1 \to R \to L \to u_1$ 的导电路径,此时 $u_0 = u_1$;当 V_3、V_4 得到有效触发时,V_1、V_2 因触发消失而关断,V_4 与续流方向相反,不能导通,形成了 $L \to VD_3 \to V_3 \to R \to L$ 的导电路径,此时 $u_0 = 0$。如此循环。

在交流电源的负半周期间,V_1、V_2 得到有效触发时,V_1 由于承受反向电压不能导通,V_2 承受正压顺势导通。故形成 $u_1 \to L \to R \to VD_2 \to V_2 \to u_1$ 的导电路径,此时 $u_0 = u_1$;当 V_3、V_4 得到有效触发时,V_1、V_2 因触发消失而关断,V_3 与续流方向相反,不能导通,形成了 $L \to R \to VD_4 \to V_4 \to L$ 的导电路径,此时 $u_0 = 0$。如此循环。

通过调节驱动信号的占空比就可以实现调节交流电压有效值的目的,从而实现交流电压的调节。

六、实验报告

1. 结合实验,分析单相斩控式交流调压电路的组成原理和工作特性。
2. 记录不同工作状态下的输出电压波形。

七、思考题

单相斩控式交流调压电路是如何实现调节交流电压大小的?

实验 26　单相交流调功电路

一、实验目的

1. 掌握单相交流调功电路的基本原理和组成。
2. 熟悉单相交流调功电路的基本工作特性。

二、实验内容

1. 验证单相交流调功电路的工作特性。
2. 观测单相交流调功电路的工作波形。

三、实验设备与仪器

1. 电力电子变换技术挂箱Ⅱa(DSE03)——DE08、DE09 单元。

2. 触发电路挂箱 I（DST01）——DT03 单元。

3. 电源及负载挂箱 I（DSP01）或电力电子变换技术挂箱 II a（DSE03a）——DP01、DP02 单元。

4. 逆变变压器配件挂箱（DSM08）——电阻负载单元。

5. 慢扫描双踪示波器、数字万用表等测试仪器。

四、实验电路的组成及实验操作

1. 实验电路的组成

实验电路主要由双向晶闸管（以反并联单向晶闸管替代）、单相交流电源、可调同步脉冲列发生器、脉冲隔离及负载组成。主电路原理见图 3 - 26。

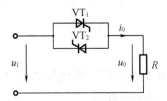

图 3 - 26　单相交流调功电路原理图

2. 实验操作

打开系统总电源，系统工作模式设置为"高级应用"。将主电源面板上的电压选择开关置于"3"位置，即主电源相电压输出设定为 220 V。按附图 19 完成实验接线。将 DT03 模式开关 S_1 拨向下方；调节脉宽控制电位器 RP_2，逆时针调节电位器，占空比设定为 10%；开通时间控制电位器 RP_4 逆时针旋到头；经指导教师检查无误后，可上电开始实验。依次闭合控制电路、挂箱上的电源开关，最后闭合主电路；用示波器监测负载两端的波形，顺时针缓慢调节给定电位器 RP_4，观察并记录负载电压波形的变化情况，分析电路工作原理。实验完毕依次断开系统主电路、挂箱上的电源开关、控制电路以及系统总电源。

五、实验原理

其主电路形式与交流调压电路没有区别，只是控制方式不同。

当 u_1 处于正半周时，同时触发 VT_1、VT_2，由于 VT_2 承受反压，不能导通，此时 VT_1 导通，形成 $u_1 \rightarrow VT_1 \rightarrow R \rightarrow u_1$ 的路径，$u_0 = u_1$。当 u_1 处于负半周时，同时触发 VT_1、VT_2，由于 VT_1 承受反压，不能导通，此时 VT_2 导通，形成 $u_1 \rightarrow R \rightarrow VT_2 \rightarrow u_1$ 的路径，$u_0 = u_1$。交流调功电路是以交流电源周波数为单位进行控制。在某几个周期内，触发 VT_1、VT_2，使得 $u_0 = u_1$；在另外几个周期，同时使得 VT_1、VT_2 关断，不会出现导电路径，此时 $u_0 = 0$。于是经过此电路的交流电源功率就被调节了。

由此可见，交流调功电路不是在交流电源的每个周期内对输出电压波形进行控制，而是让电源几个周期通过负载，再断开几个周期，周而复始，通过改变周期数的比值来调节负载消耗的平均功率。正因为电路直接控制输出的平均功率，故其被称为交流调功电路。这种控制方式主要应用于时间常数大，没必要频繁控制的场合。

六、实验报告

1. 通过实验,掌握三相交流调压电路的工作原理和工作特性。
2. 分析不同负载性质对电路的输出波形的影响。
3. 记录不同工作状态下的输出电压波形。

七、思考题

单相交流调功电路与单相交流调压电路有何异同点?

实验 27　零电压开通型 PWM 电路

一、实验目的

1. 掌握零电压开通型 PWM 电路的基本原理和组成。
2. 熟悉零电压开通型 PWM 电路的基本工作特性。

二、实验内容

验证零电压开通型 PWM 电路的工作特性。

三、实验设备与仪器

1. 触发电路挂箱Ⅰ(DST01)——DT03 单元。
2. 电力电子变换技术挂箱Ⅰ(DSE02)——DE06 单元。
3. 电源及负载挂箱Ⅰ(DSP01)或电力电子变换技术挂箱Ⅱa(DSE03a)——DP01、DP02 单元。
4. 逆变变压器配件挂箱(DSM08)——电阻负载单元。
5. 慢扫描双踪示波器、数字万用表等测试仪器。

四、实验电路的组成及实验操作

1. 实验电路的组成

实验电路主要由 PWM 波形发生器、光电隔离驱动、软开关变换电路(DE06)ZVS PWM 部分(见图 3 – 27)、直流电源及负载组成。实验接线图如附图 20,认真预习与本实验相关的教材内容,参考教材或挂箱"电力电子技术挂箱Ⅰ(DE02)"完成本实验。

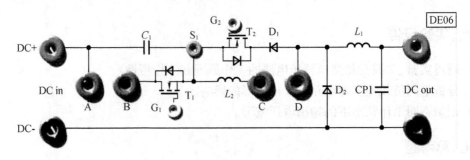

图 3 - 27　零电压开通 ZVS PWM 软开关电路

2.实验操作

打开系统总电源,系统工作模式设置为"高级应用"。将主电源面板上的电压选择开关置于"3"位置,即主电源相电压输出设定为 220 V。按附图 20 完成实验接线。将 DT03 单元的钮子开关 S_1 拨向下,波形发生器设置为 PWM 工作模式;调节电位器 RP_3,将三角波发生器的输出频率为 2 kHz;模式开关 S_2 拨向上(占空比在 1% ~ 90% 内可调),脉宽控制电位器 RP_2 逆时针调到头,此时占空比设定为最小值,经指导教师检查无误后,上电开始实验。依次闭合控制电路、挂箱上的电源开关,最后闭合主电路;用示波器观测电路工作情况,记录实验波形。完成实验,依次断开主电路、控制电路和总电源。

五、实验报告

1.通过实验,分析 ZVS 电路的工作特性及工作原理。
2.观察并绘制有关实验波形。

六、思考题

软开关与硬开关比较,有什么优势?

实验 28　半桥开关电源电路

一、实验目的

1.了解半桥开关电源电路的基本原理。
2.了解 SG3525 控制方式和工作原理。

二、实验内容

1.观测半桥开关电源电路的工作特性。

三、实验设备与仪器

1. 电力电子变换技术挂箱Ⅲ（DSE04）——DE13 单元。

2. 电源及负载挂箱Ⅰ（DSP01）或电力电子变换技术挂箱Ⅱa（DSE03a）——DP01、DP02 单元。

3. 逆变变压器配件挂箱（DSM08）——电阻负载单元。

4. 慢扫描双踪示波器、数字万用表等测试仪器。

四、实验电路的组成及实验操作

1. 实验电路的组成

实验电路比较简单，主要由半桥开关稳压电源（SPS）单元（见图 3 – 28）和直流电源及负载组成。实验接线图如附图 21 所示，认真预习与本实验相关的教材内容，参考教材和挂箱"电力电子技术挂箱Ⅲ（DE04）"完成本实验。

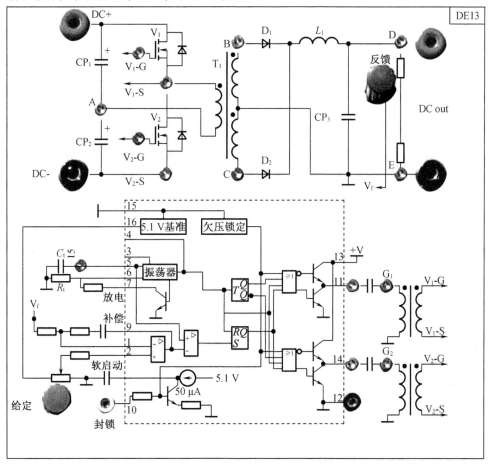

图 3 – 28　半桥型开关稳压电源电路

2. 实验操作

打开系统总电源，系统工作模式设置为"高级应用"。将主电源面板上的电压选择开关置于"3"位置,即主电源相电压输出设定为 220 V。按附图 21 完成实验接线。将 DE13 单元的给定电位器逆时针旋转至零,反馈电位器顺时针旋转至最大,经实验指导老师检查无误后,打开总电源开关,依次闭合控制电路、主电路。缓慢增大给定电压并适当减小反馈量,观测电路中各测试点的波形并做记录。完成实验后,依次闭合主电路、控制电路,最后关闭总电路开关。

注意:不能用示波器同时观测两个 MOSFET 的波形,否则会造成短路,严重的会损坏实验装置。

五、实验报告

1. 通过实验,分析半桥开关电源电路工作特性及工作原理。
2. 整理实验中的数据波形。

六、思考题

半桥开关电源电路各测试点的波形有何特点?

实验 29　晶闸管直流电机调速电路的研究

一、实验目的

1. 进一步了解晶闸管三相整流电路的工作原理。
2. 熟悉晶闸管三相整流电路的应用。

二、实验内容

用示波器观测在电动机负载下晶闸管整流输出电压并记录波形。

三、实验设备与仪器

1. 触发电路挂箱 Ⅱ 或触发电路挂箱 Ⅱ a(DST02)——DT04 单元。
2. 给定单元挂箱(DSG01)或给定及调节器挂箱(DSG02)——DG01 单元。
3. 三相同步变压器 DD05 单元。
4. 描双踪示波器、数字万用表等测试仪器。
5. 直流电动机、光电编码器(若已配)机组。

四、实验电路的组成及实验操作

1. 实验电路的组成

实验电路控制部分的组成可参考三相锯齿波移相触发电路,电路原理图如图 3 – 29 所示。同时参考附图 22,可完成本实验。

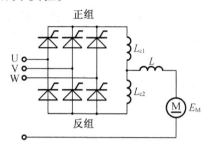

图 3 – 29　晶闸管直流电机调速电路

2. 实验操作

按附图 22 接线,经老师检查无误后,闭合控制电路,检查控制电路各部分工作完好。将实验台工作模式选择开关切换至"高级应用"挡;电压挡选择"1",即相电压为 52 V;闭合主电路。缓慢增加给定电压,用示波器观测晶闸管整流输出装置电压波形并记录。观察电机启动过程。实验完成后,依次断开主电路、控制电路,最后将总电源关闭。

五、实验报告

1. 分析晶闸管直流电机调速电路工作过程及原理。
2. 绘制晶闸管整流装置在感性负载下的整流输出波形。

六、思考题

本实验是依靠什么实现直流电机调速的?

实验 30　PWM 直流电机调速电路的研究

一、实验目的

1. 了解"单相脉宽控制器(PWM)"的工作原理及其在"脉宽调制(PWM)直流调速系统"中的作用。

2. 了解"脉宽调制(PWM)直流调速系统"的组成及其工作原理。

3. 了解"双极式和受限单极式"两类 PWM 直流调速系统的组成及特性。

4. 分析、讨论"PWM 可逆直流调速系统"的动、静态特性。

二、实验内容

1. "单相脉宽控制器(PWM)"的工作原理及其特性的实验研究。

2. "双极式和受限单极式脉宽调制(PWM)直流调速系统"的工作原理及其特性的实验研究。

3. "转速、电流双闭环控制的脉宽调制(PWM)可逆直流调速系统"的组成及其动、静态特性的分析、研究。

三、实验设备与仪器

1. 综合实验台主体(主控箱)及其主控电路、转速变换电路(DD02)。

2. IPM 主电路挂箱(DSM02)及触发电路挂箱(DST02)——DT06。

3. 给定单元挂箱(DSG01)——DG01。

4. 直流电动机、光电编码器机组。

5. 慢扫描双踪示波器、数字万用表等测试仪器。

四、实验电路的组成及实验操作

1. 实验电路的组成

"脉宽控制调速系统"的主电路采用脉宽调制式变换器,简称 PWM 变换器,由其组成的各类调速系统及其静、动态特性与前述"晶闸管 - 电动机"直流调速系统基本相同。"PWM 变换器"的关键在于主电路采用全控型器件(GTO、GTR、IGBT、P - MOSFET 等),并由脉宽调制器控制其导通与截止,即通过控制脉冲的占空比 ρ 将直流电压源调制成宽度可调的较高频率的"等幅脉冲源"给直流电动机供电,以实现直流电动机的转速调节。

本实验由"IPM 智能三相逆变桥功率模块"的 U、V 两路,即 4 个 IGBT(1,3,4,6)和 4 个续流二极管组成 H 型桥式电路。H 型变换器在控制方式上分"双极式""单极式""受限单极式"三种。实验中可通过"DST02"挂箱"单相脉宽调制器(DT06)"单元的面板开关,经"单(受限单极式)、双(双极式)"切换选择两种控制方式之一。DT06 单元面板图如图 3 - 30。

2. 实验操作

打开系统总电源,系统工作模式设置为"直流调速"。将主电源面板上的电压选择开关置于"1"位置,即主电源相电压输出设定为 52 V。按附图 23 实验接线。将 DG01 单元积分给定端给 DT06 的输入端,并适当调整积分率。将阶跃开关拨向上方,正、负给定电位器逆时针旋到零;经指导教师检查无误后,可上电开始实验。依次闭合控制电路、挂箱上的电源开关;用示波器观测 DT06 单元分别在"单极式"和"双极式"工作方式下 A +、A -、B +、B - 的输出波形是否正确,之后闭合主电路;分别在"单极式"和"双极式"方式下缓慢正向给定电压,观察电机运行情况;缓慢减小给定电位器到零。将 DG01 极性开关拨到负,再缓慢负向给定电压,观察电机运行情况;参考教材或本实验台《直流调速实验指南》中"脉宽调制(PWM)直流调速系统的研究"分析电路工作原理。实验完毕依次断开系统主电路、挂箱上的电源开关、控制电路及系统总电源。

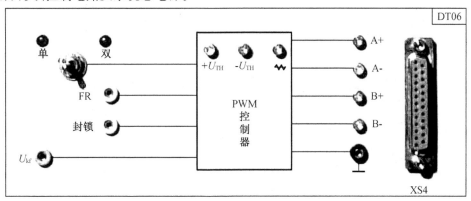

图 3 – 30　单相脉宽调制器(PWM)

五、实验报告

通过实验,掌握"脉宽调制(PWM)直流调速系统"的工作原理和工作特性。

六、思考题

本实验是依靠什么实现直流电机调速的?

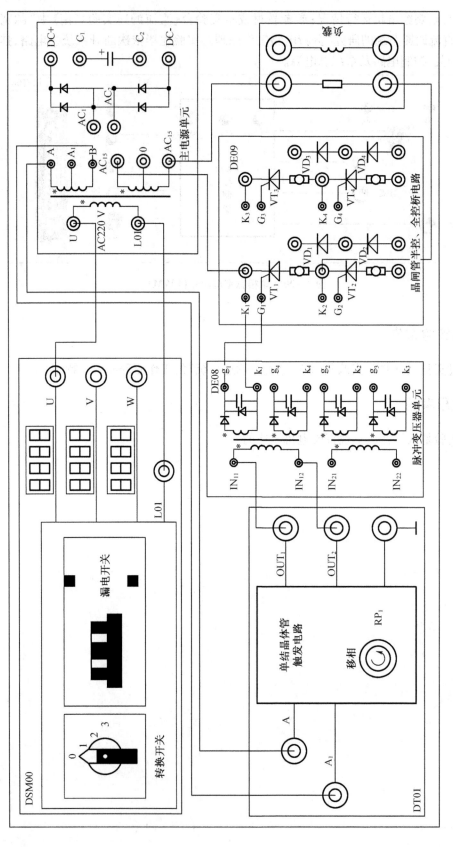

附图1　单相半波可控整流电路

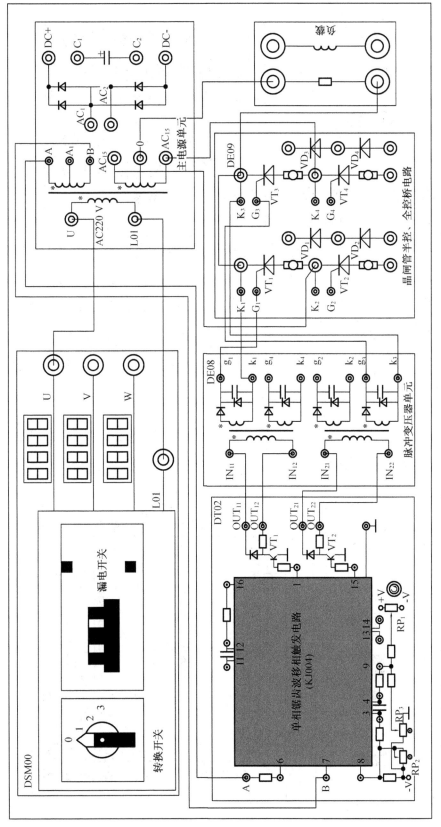

附图2 单相全波可控整流电路

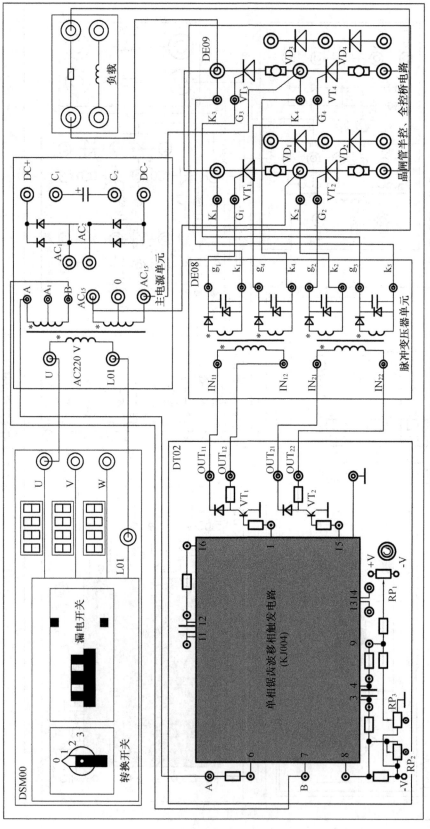

附图3　单相桥式全控整流电路

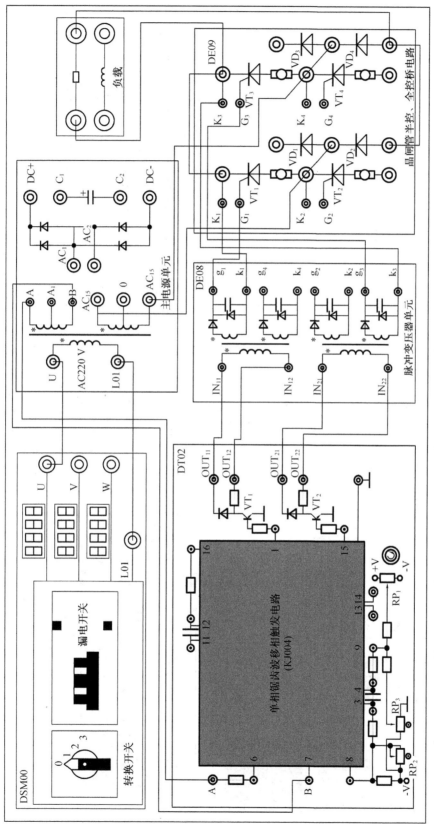

附图4 单相桥式半控整流电路

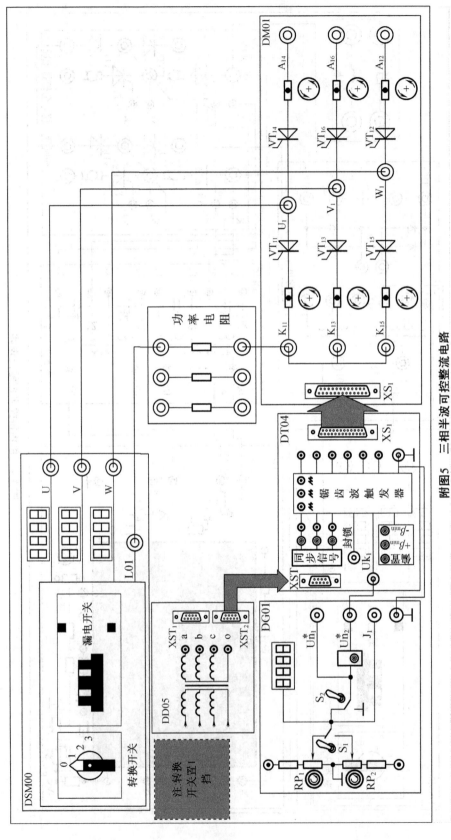

附图5　三相半波可控整流电路

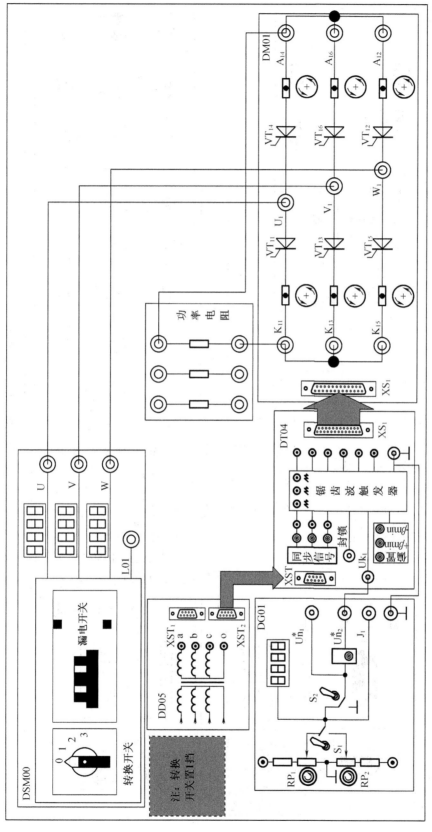

附图6　三相桥式全控整流电路

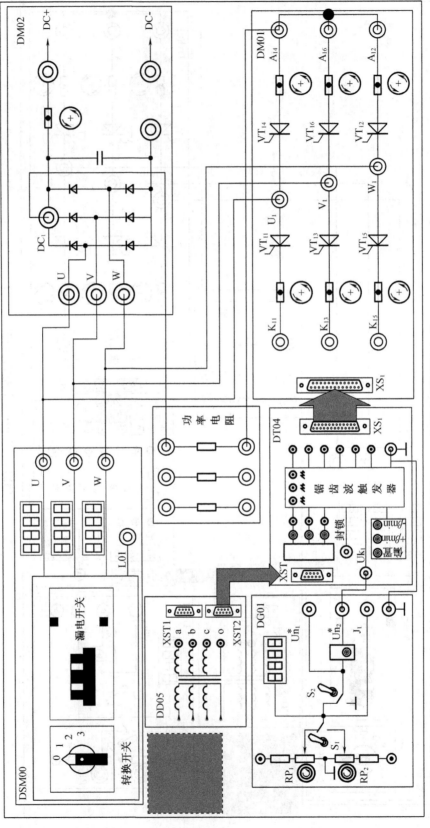

附图7 三相桥式半控整流电路

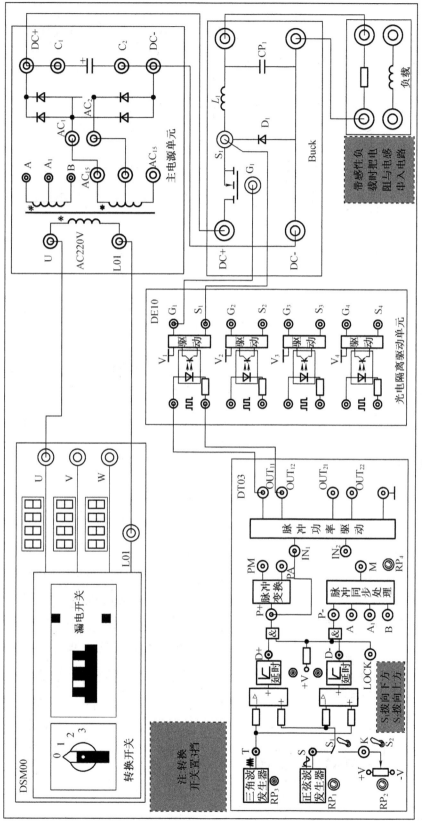

附图 8　Buck 变换电路

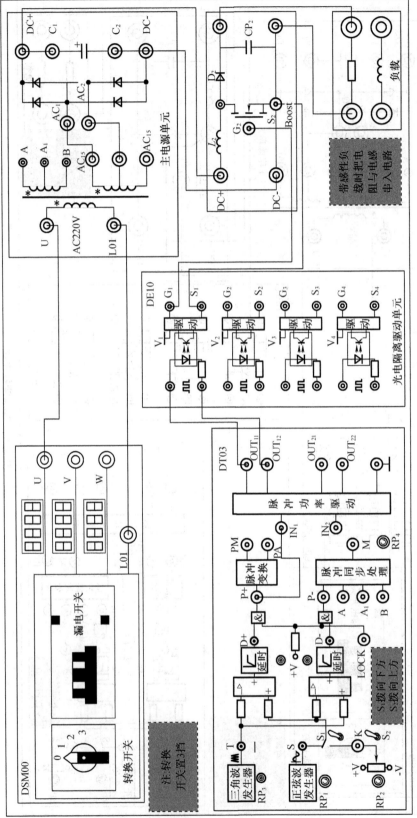

附图9　Boost变换电路

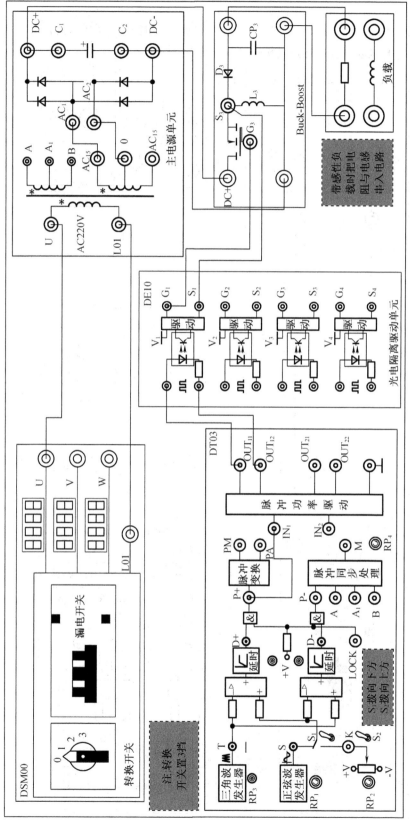

附图 10　Buck-Boost 变换电路

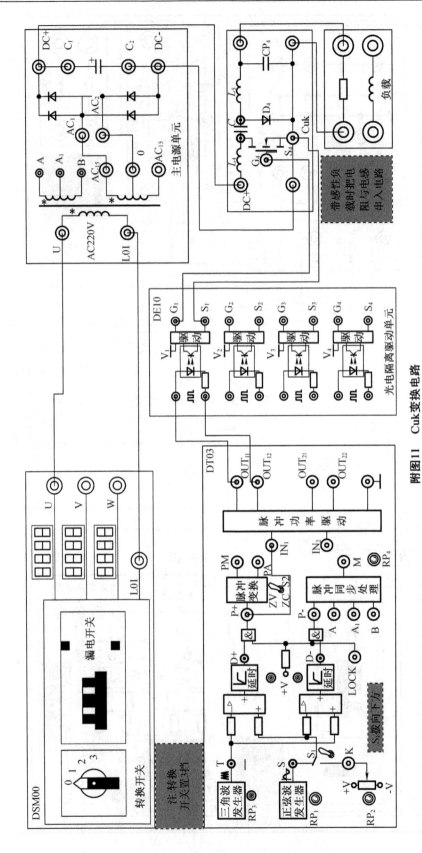

附图11　Cuk变换电路

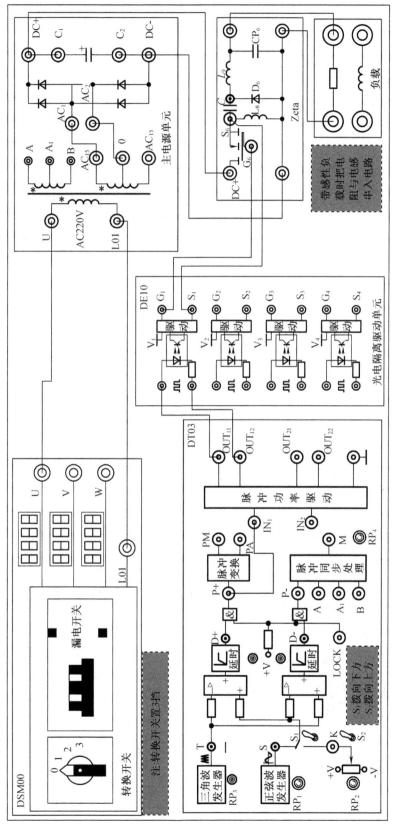

附图 12　Zeta 变换电路

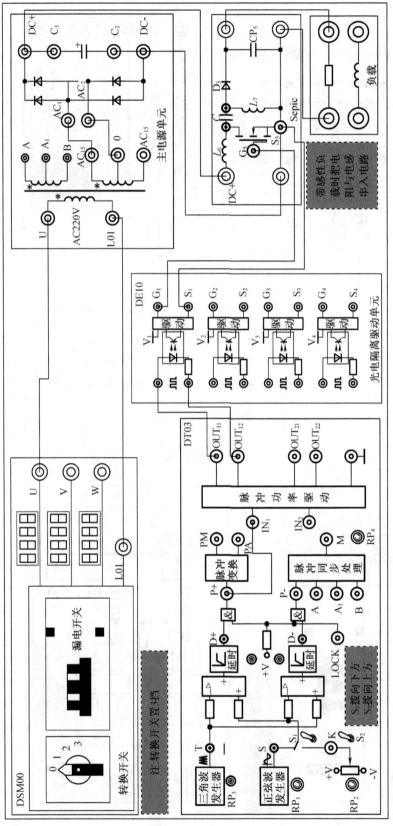

附图13　Sepic变换电路

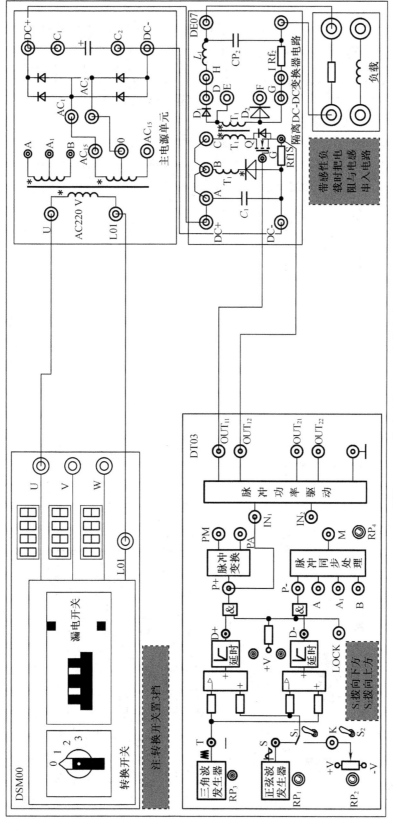

附图14A　正激型隔离DC-DC变换电路

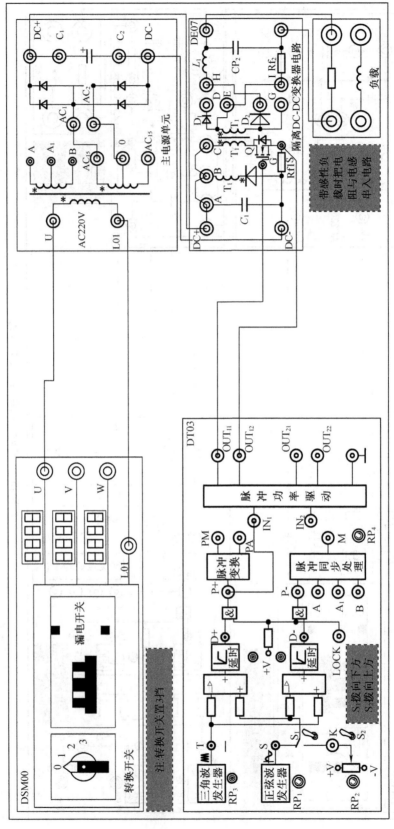

附图14B　反激型隔离DC-DC变换电路

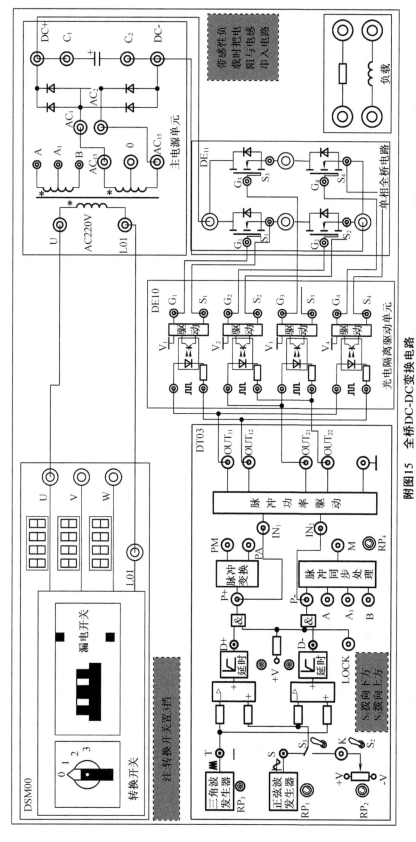

附图15　全桥DC-DC变换电路

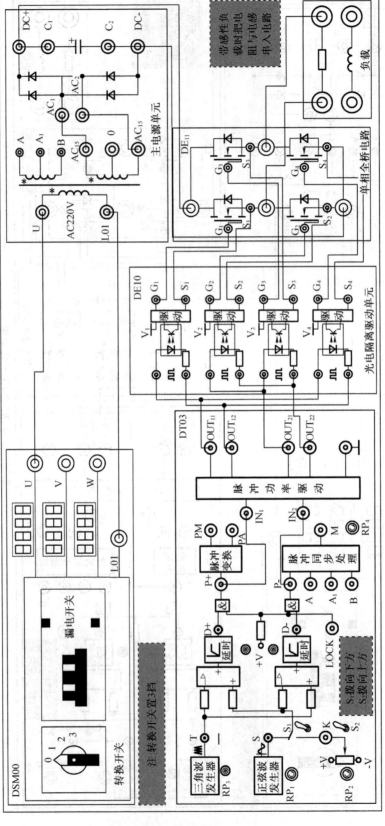

附图16　单相SPWM电压型逆变电路

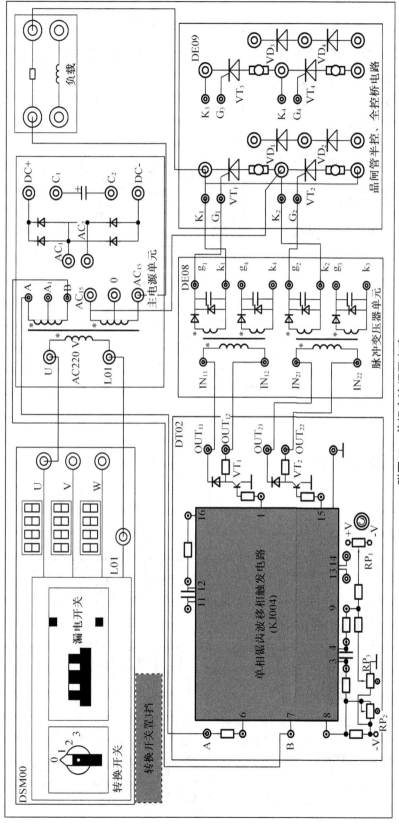

附图17　单相交流调压电路

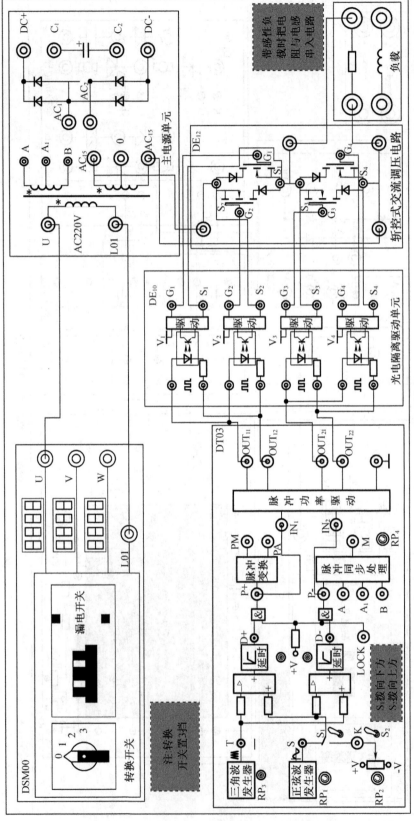

附图18 单相斩控式交流调压电路

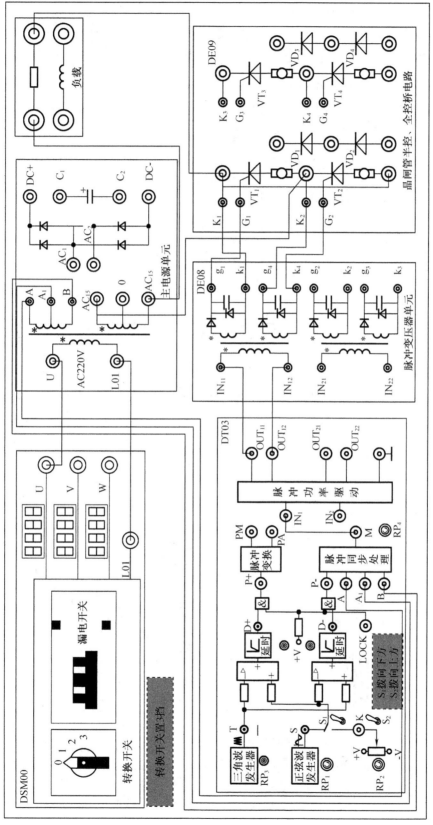

附图19　单相交流调功电路

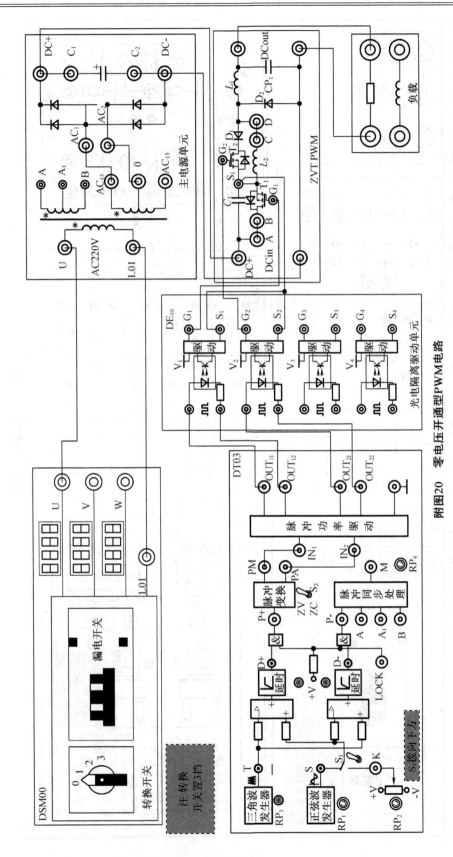

附图20 零电压开通型PWM电路

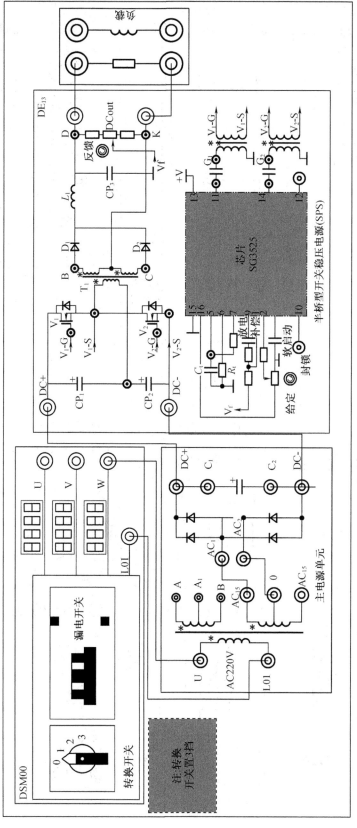

附图21　半桥型开关电源电路

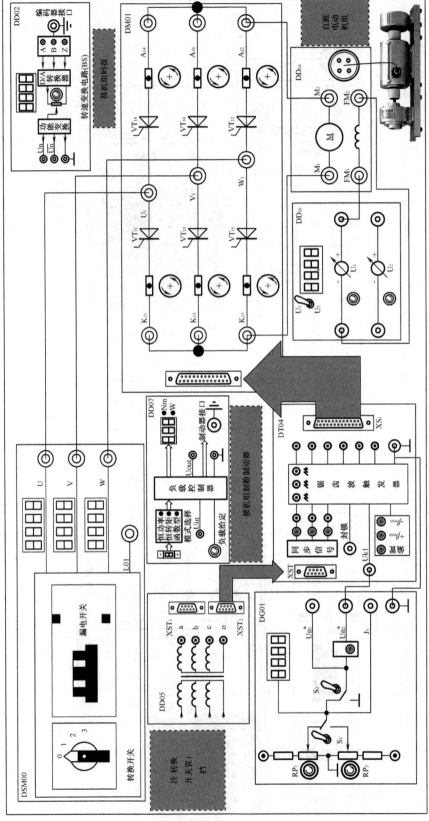

附图22　晶闸管直流电机调速电路的研究

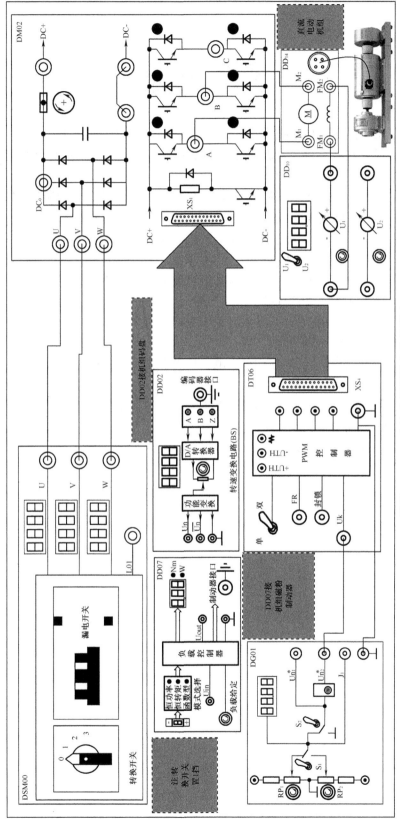

附图 23　PWM 直流电机调速电路的研究

参 考 文 献

[1] 王兆安,刘进军.电力电子技术[M].北京:机械工业出版社,2008.

[2] 北京精仪达盛科技有限公司教学设备资料编写组.电力电子技术实验指南[Z].北京:北京精仪达盛科技有限公司,2008.

[3] 杨倩,唐红霞.电子技术实践教程[M].哈尔滨:哈尔滨工程大学出版社,2016.

[4] 刘志刚.电力电子学[M].北京:清华大学出版社,2004.

[5] 莫正康.电力电子应用技术[M].3版.北京:机械工业出版社,2004.

[6] 李媛媛.现代电力电子技术[M].北京:清华大学出版社,2014.

[7] 林渭勋.现代电力电子电路[M].杭州:浙江大学出版社,2002.

[8] 陈坚,康勇.电力电子变换和控制技术[M].北京:高等教育出版社,2004.

[9] 李欣茂,黄家敏,姚敏.电力电子技术实验装置常见故障维修[J].实验室科学,2012,15(03):178-180.

[10] 赵凯岐,兰海,杜春洋,等.新型电力电子技术实验方法的研究[J].实验技术与管理,2009,26(09):32-35,46.

[11] 刘进军.电能系统未来发展趋势及其对电力电子技术的挑战[J].南方电网技术,2016,10(03):78-81,8.

[12] 李勇.基于电力电子技术的异步电机发电系统研究[D].南京:南京航空航天大学,2009.